国家出版基金项目
NATIONAL PUBLICATION FOUNDATION

中国中药资源大典
——中药材系列

中药材生产加工适宜技术丛书

中药材产业扶贫计划

川芎生产加工适宜技术

总 主 编　黄璐琦

主　　编　李青苗　郭俊霞

副 主 编　苟燕梅　吴　萍　王晓宇

中国医药科技出版社

内 容 提 要

《中药材生产加工适宜技术丛书》以全国第四次中药资源普查工作为抓手，系统整理我国中药材栽培加工的传统及特色技术，旨在科学指导、普及中药材种植及产地加工，规范中药材种植产业。本书为川芎生产加工适宜技术，包括：概述、川芎药用资源、川芎栽培技术、川芎特色适宜技术、川芎药材质量评价、川芎现代研究与应用等内容。本书适合中药种植户及中药材生产加工企业参考使用。

图书在版编目（CIP）数据

川芎生产加工适宜技术 / 李青苗，郭俊霞主编 . — 北京：中国医药科技出版社，2018.3

（中国中药资源大典 . 中药材系列 . 中药材生产加工适宜技术丛书）

ISBN 978-7-5214-0000-7

Ⅰ . ①川…　Ⅱ . ①李…②郭…　Ⅲ . ①川芎—栽培技术　②川芎—中草药加工　Ⅳ . ① S567.7

中国版本图书馆 CIP 数据核字（2018）第 050296 号

美术编辑　陈君杞
版式设计　锋尚设计

出版　中国医药科技出版社
地址　北京市海淀区文慧园北路甲 22 号
邮编　100082
电话　发行：010-62227427　邮购：010-62236938
网址　www.cmstp.com
规格　710×1000mm　$^1/_{16}$
印张　$6^3/_4$
字数　58 千字
版次　2018 年 3 月第 1 版
印次　2018 年 3 月第 1 次印刷
印刷　北京盛通印刷股份有限公司
经销　全国各地新华书店
书号　ISBN 978-7-5214-0000-7
定价　22.00 元

中药材生产加工适宜技术丛书
—— 编委会 ——

总　主　编　黄璐琦

副　主　编　（按姓氏笔画排序）

王晓琴	王惠珍	韦荣昌	韦树根	左应梅	叩根来
白吉庆	吕惠珍	朱田田	乔永刚	刘根喜	闫敬来
江维克	李石清	李青苗	李旻辉	李晓琳	杨　野
杨天梅	杨太新	杨绍兵	杨美权	杨维泽	肖承鸿
吴　萍	张　美	张　强	张水寒	张亚玉	张金渝
张春红	张春椿	陈乃富	陈铁柱	陈清平	陈随清
范世明	范慧艳	周　涛	郑玉光	赵云生	赵军宁
胡　平	胡本详	俞　冰	袁　强	晋　玲	贾守宁
夏燕莉	郭兰萍	郭俊霞	葛淑俊	温春秀	谢晓亮
蔡子平	滕训辉	瞿显友			

编　　委　（按姓氏笔画排序）

王利丽	付金娥	刘大会	刘灵娣	刘峰华	刘爱朋
许　亮	严　辉	苏秀红	杜　弢	李　锋	李万明
李军茹	李效贤	李隆云	杨　光	杨晶凡	汪　娟
张　娜	张　婷	张小波	张水利	张顺捷	林树坤
周先建	赵　峰	胡忠庆	钟　灿	黄雪彦	彭　励
韩邦兴	程　蒙	谢　景	谢小龙	雷振宏	

学术秘书　程　蒙

—— 本书编委会 ——

主　编　李青苗　郭俊霞

副主编　苟燕梅　吴　萍　王晓宇

编写人员　（按姓氏笔画排序）
　　　　　王晓宇（四川省中医药科学院）
　　　　　吴　萍（四川省中医药科学院）
　　　　　李青苗（四川省中医药科学院）
　　　　　苟燕梅（四川省中医药科学院）
　　　　　郭俊霞（四川省中医药科学院）

序

我国是最早开始药用植物人工栽培的国家，中药材使用栽培历史悠久。目前，中药材生产技术较为成熟的品种有200余种。我国劳动人民在长期实践中积累了丰富的中药种植管理经验，形成了一系列实用、有特色的栽培加工方法。这些源于民间、简单实用的中药材生产加工适宜技术，被药农广泛接受。这些技术多为实践中的有效经验，经过长期实践，兼具经济性和可操作性，也带有鲜明的地方特色，是中药资源发展的宝贵财富和有力支撑。

基层中药材生产加工适宜技术也存在技术水平、操作规范、生产效果参差不齐问题，研究基础也较薄弱；受限于信息渠道相对闭塞，技术交流和推广不广泛，效率和效益也不很高。这些问题导致许多中药材生产加工技术只在较小范围内使用，不利于价值发挥，也不利于技术提升。因此，中药材生产加工适宜技术的收集、汇总工作显得更加重要，并且需要搭建沟通、传播平台，引入科研力量，结合现代科学技术手段，开展适宜技术研究论证与开发升级，在此基础上进行推广，使其优势技术得到充分的发挥与应用。

《中药材生产加工适宜技术》系列丛书正是在这样的背景下组织编撰的。该书以我院中药资源中心专家为主体，他们以中药资源动态监测信息和技术服务体系的工作为基础，编写整理了百余种常用大宗中药材的生产加工适宜技术。全书从中药材的种植、采收、加工等方面进行介绍，指导中药材生产，旨在促进中药资源的可持续发展，提高中药资源利用效率，保护生物多样性和生态环境，推进生态文明建设。

丛书的出版有利于促进中药种植技术的提升，对改善中药材的生产方式，促进中药资源产业发展，促进中药材规范化种植，提升中药材质量具有指导意义。本书适合中药栽培专业学生及基层药农阅读，也希望编写组广泛听取吸纳药农宝贵经验，不断丰富技术内容。

书将付梓，先睹为悦，谨以上言，以斯充序。

中国中医科学院 院长

中 国 工 程 院 院 士

丁酉秋于东直门

总 前 言

中药材是中医药事业传承和发展的物质基础，是关系国计民生的战略性资源。中药材保护和发展得到了党中央、国务院的高度重视，一系列促进中药材发展的法律规划的颁布，如《中华人民共和国中医药法》的颁布，为野生资源保护和中药材规范化种植养殖提供了法律依据；《中医药发展战略规划纲要（2016—2030年）》提出推进"中药材规范化种植养殖"战略布局；《中药材保护和发展规划（2015—2020年）》对我国中药材资源保护和中药材产业发展进行了全面部署。

中药材生产和加工是中药产业发展的"第一关"，对保证中药供给和质量安全起着最为关键的作用。影响中药材质量的问题也最为复杂，存在种源、环境因子、种植技术、加工工艺等多个环节影响，是我国中医药管理的重点和难点。多数中药材规模化种植历史不超过30年，所积累的生产经验和研究资料严重不足。中药材科学种植还需要大量的研究和长期的实践。

中药材质量上存在特殊性，不能单纯考虑产量问题，不能简单复制农业经验。中药材生产必须强调道地药材，需要优良的品种遗传，特定的生态环境条件和适宜的栽培加工技术。为了推动中药材生产现代化，我与我的团队承担了农业部现代农业产业技术体系"中药材产业技术体系"建设任务。结合国家中医药管理局建立的全国中药资源动态监测体系，致力于收集、整理中药材生产加工适宜技术。这些适宜技术限于信息沟通渠道闭塞，并未能得到很好的推广和应用。

本丛书在第四次全国中药资源普查试点工作的基础下，历时三年，从药用资源分布、栽培技术、特色适宜技术、药材质量、现代应用与研究五个方面系统收集、整理了近百个品种全国范围内二十年来的生产加工适宜技术。这些适宜技术多源于基层，简单实用、被老百姓广泛接受，且经过长期实践、能够充分利用土地或其他资源。一些适宜技术尤其适用于经济欠发达的偏远地区和生态脆弱区的中药材栽培，这些地方农民收入来源较少，适宜技术推广有助于该地区实现精准扶贫。一些适宜技术提供了中药材生产的机械化解决方案，或者解决珍稀濒危资源繁育问题，为中药资源绿色可持续发展提供技术支持。

本套丛书以品种分册，参与编写的作者均为第四次全国中药资源普查中各省中药原料质量监测和技术服务中心的主任或一线专家、具有丰富种植经验的中药农业专家。在编写过程中，专家们查阅大量文献资料结合普查及自身经验，几经会议讨论，数易其稿。书稿完成后，我们又组织药用植物专家、农学家对书中所涉及植物分类检索表、农业病虫害及用药等内容进行审核确定，最终形成《中药材生产加工适宜技术》系列丛书。

在此，感谢各承担单位和审稿专家严谨、认真的工作，使得本套丛书最终付梓。希望本套丛书的出版，能对正在进行中药农业生产的地区及从业人员，有一些切实的参考价值；对规范和建立统一的中药材种植、采收、加工及检验的质量标准有一点实际的推动。

2017年11月24日

前　言

中药是中医学的重要组成部分，几千年来，国人运用中医药防病治病，积累了丰富的临床用药经验，形成了较完善的中医药理论体系。中药质量是保证中医临床疗效的关键。道地中药材是我国公认的优质中药材，它从选种、育苗、栽培、采收到加工成品，无不是当地人民数百年来充满智慧的辛勤劳动与自然环境的完美结合，人为因子对道地中药材品种的形成具有不可或缺的影响。中药材的生产技术是中药材道地性形成的重要环节，在中药材种植和产地加工的生产中，人们发现对很多道地中药材而言，道地产区独特的栽培技术对中药材道地性的形成起着决定性的作用，也是道地中药材品质形成的关键要素之一。

川芎为伞形科植物川芎*Ligusticum chuanxiong* Hort. 的干燥根茎。始载于《神农本草经》，列为上品，是常用的大宗中药材，市场流通的川芎药材80%～90%产于四川。据古今文献的记载，四川是川芎的道地产区。川芎在四川拥有悠久的栽培历史，在栽培过程中道地产区已形成了一套成熟的栽培技术。但在栽培过程中仍存在着严重的问题。诸如：在苓种繁育过程中，苓种繁育停留在农户凭经验自繁自育，导致川芎苓种质量良莠不齐，使产区川芎药材的产量和质量受到很大的影响；川芎生产过程中不合理的栽培密度、施肥方法等严重影响了川芎的产量和品质；产地加工的随意性，严重降低了川芎药材有效成分的含量。目前在川芎用种、施肥和产地加工等方面均缺乏统一的、规范的标准。

本书在对川芎药材本草及道地沿革的考证、走访农户及产地加工企业和科学试验的基础上，从生物学特性、地理分布、生态适宜分布区域与适宜种植区域、种子种苗繁育、栽培技术、采收与产地加工技术、特色适宜技术、本草考证与道地沿革、药典标准、质量评价及现代研究与应用等方面对川芎进行概述，发掘和继承道地中药材川芎生产和产地加工技术，促进川芎优质标准化生产和产地加工技术规范形成，并推动川芎生产加工适宜技术在各地区的应用。

在此首先衷心感谢中国中医科学院中药资源中心黄璐琦院士和各位专家，四川省中医药科学院领导对本书编写的大力支持；再次感谢对本书编写提供技术服务的专家们、川芎产区给予积极配合的农户和川芎加工企业、不辞辛劳参加编制的同仁们。

由于本书内容涉及面广，疏漏与不妥之处在所难免，恳望广大读者提出宝贵意见，以便修订提高。

编者

2017年10月

目　录

第1章　概述 1

第2章　川芎药用资源 5
  一、形态特征与分类检索 6
  二、生物学特性 8
  三、地理分布 11
  四、生态适宜分布区域与适宜种植区域 11

第3章　川芎栽培技术 19
  一、术语及定义 20
  二、川芎苓种繁育技术 22
  三、栽培技术 27
  四、采收与产地加工技术 30

第4章　川芎特色适宜技术 37
  一、免耕稻草覆盖技术 38
  二、川芎–水稻保护性耕种技术 40
  三、厢式宽窄行栽培模式技术 41
  四、降镉富集式栽培技术 42
  五、无公害种苗处理技术 44
  六、春季追肥 45
  七、光合特性的调节 45
  八、间作 46

第5章　川芎药材质量评价 47
  一、本草考证与道地沿革 48

二、药典标准 56

三、质量评价 59

四、药材质量研究现状 65

第6章　川芎现代研究与应用 67

一、化学成分 68

二、药理作用 72

三、临床应用 79

参考文献 89

第 1 章

概　述

川芎入药始载于《神农本草经》，列为上品。书中记载原名芎藭。之后历代本草中均有记载。本草著作中以川芎为正名者最早见于金代张元素的《医学启源》。1949年后，历版《中华人民共和国药典》均将川芎作为本品的药材正名。药材性状为不规则结节状拳形团块，直径2～7cm。表面黄褐色，粗糙皱缩，有多数平行隆起的轮节，顶端有凹陷的类圆形茎痕，下侧及轮节上有多数小瘤状根痕。质坚实，不易折断，断面黄白色或灰黄色，散有黄棕色的油室，形成层呈波状环纹。气浓香，味苦、辛。稍有麻舌感，微回甜。川芎为治疗头痛之首选药物，也用于治疗月经不调，经闭痛经，产后瘀滞腹痛，癥瘕肿块，胸胁疼痛，头痛眩晕；风寒湿痹，跌打损伤，痈疽疮疡等。

川芎基原为伞形科植物川芎 *Ligusticum chuanxiong* Hort. 的干燥根茎，为多年生草本。川芎的生境分布最早记载于《神农本草经》，曰："生川谷。"其产地变迁过程，魏晋时期《名医别录》描述为："生武功、斜谷西岭。"唐代苏敬《新修本草》描述为："生武功川谷斜谷西岭。"《本草衍义》记载："今出川中。"宋代苏颂《本草图经》描述为："生武功川谷、斜谷西岭。生雍州川泽及冤句，今关陕、蜀川、江东山中多有之。"1963年版《中国药典》一部收载川芎均系栽培，主产于四川。徐国钧《中国药材学》收载，川芎主产于四川。销全国，并出口。其他引种地区，质量较差，自产自销。

川芎在四川已有悠久的栽培历史，在栽培过程中道地产区已形成了一套成熟的栽培技术。但在栽培过程中仍存在着严重的问题。四川各产区药农在川芎种植上基本处于自发状态，苓种繁育停留在农户凭经验自繁自育，目前具有采挖抚芎繁育苓种习惯的产区主要是都江堰和彭州，都江堰和彭州产区起挖抚芎上山繁育苓种时大多会进行挑选，一般选择外形较圆、紧实、芽多、根壮、个头适中的抚芎，有些地方从生产成本考虑选择个头适中的抚芎，但有的地方考虑生产成本则专门挑选个头较小的抚芎用来繁育苓种，由于没有苓种分级标准和检验规程，缺乏统一的规范和科学的组织管理，导致川芎苓种质量良莠不齐，使产区川芎药材的产量和质量受到较大影响。川芎生产过程中，不合理的栽培密度、施肥方法等严重影响了川芎的产量和品质。产地加工主要有直接晾晒和炕床炕干法，已有研究证实不同的干燥方法对川芎的有效成分含量影响较大。目前在川芎用种、施肥和产地加工等方面均缺乏统一的、规范的标准。

本书从川芎的生物学特性、地理分布、生态适宜分布区域与适宜种植区域、种子种苗繁育、栽培技术、采收与产地加工技术、特色适宜技术、本草考证与道地沿革、药典标准、质量评价及现代研究与应用等方面对川芎进行概述，发掘和继承道地中药材川芎生产和产地加工技术，形成川芎优质标准化生产和产地加工技术规范，加大川芎生产加工适宜技术在各地区的推广应用。

第2章

川芎药用资源

一、形态特征与分类检索

川芎*Ligusticum chuanxiong* Hort.，别名芎䓖。为伞形科（Umbelliferae）藁本属（*Ligusticum*）多年生草本植物，须根系植物，全草有香味（图2-1）。生产上采用无性繁殖，商品川芎越年采收。其根茎既是吸收、贮藏器官，又是药用部位。根茎发达，形成不规则的结节状拳形团块，具浓烈香气。株高40～60cm，地上茎丛生，是生长过程中养分与水分的运输通道，在生产上又是无性繁殖材料。茎直立，圆柱形，具纵条纹，上部多分枝，下部茎节膨大呈盘状（苓子）（图2-2）。一般单株茎17～25个，多的可达40个，茎下部叶具柄，柄长3～10cm，基部扩大成鞘；叶片轮廓卵状三角形，长12～15cm，宽10～15cm，3～4回三出式羽状全裂，羽片4～5对，卵状披针形，叶片颜色呈绿色或黄绿色，长6～7cm，宽5～6cm，末回裂片线状披针形至长卵形，长2～5mm，宽1～2mm，具小尖头（图2-3）；茎上部叶渐简化，茎上部嫩叶片及叶脉生长有短柔毛，生长较老的茎中部及下部叶片没有柔毛（图2-4）。川芎的叶片数较多，生长旺盛期植株单株叶片数一般为50～65

图2-1 川芎植株

图2-2 川芎的节盘

图2-3　川芎的叶

图2-4　川芎的根茎

片，有的植株叶片数达100片。川芎花属复伞形花序顶生或侧生；总苞片3～6，线形，长0.5～2.5cm；伞辐7～24，不等长，长2～4cm，内侧粗糙；小总苞片4～8，线形，长3～5mm，粗糙；萼齿不发育；花瓣白色，倒卵形至心形，长1.5～2mm，先端具内折小尖头；花柱基圆锥状，花柱2，长2～3mm，向下反曲。幼果两侧扁压，长2～3mm，宽约1mm；背棱槽内油管1～5，侧棱槽内油管2～3，合生面油管6～8。花期7～8月，幼果期9～10月，川芎染色体$n=11$，为三倍体，川芎开花后不易结实。

川芎基原植物分类检索表

1　基生叶及茎下部叶为3～4回三出式羽状全裂；根状茎团块状，疏或密念珠状。

　2　植株具茎或至少具2～3个茎节；具茎生叶。

　　3　基生叶及茎下部叶的第3次羽裂片全裂，末回小裂片彼此分离，间距与裂片宽度近

　　　相等；根状茎团块状；小总苞片全缘，线形至线状披针形，边缘非膜质；萼齿不

发育 … **1. 川芎**_Ligusticum chuanxiong_ **Hort.**（_Ligusticum sinense_ **cv. Chuanxiong**）

3 基生叶及茎下部的第3次羽裂片撕裂状半裂，末回小裂片彼此密接，间距常小于裂片宽度，根状茎呈疏或密念珠状。

4 植株正常抽茎，高可达1m；无具丛生叶的顶枝……………………………………

……………………………………… **2. 金芎**_Ligusticum sinense_ **cv. Jinxiong**

4 植株稀正常抽茎，常仅具2~3个茎节，株高30~60cm；常具丛生叶的顶枝……

……………………………………… **3. 东芎**_Ligusticum officinale_ **(Makino) Zhang**

2 植株无地上茎，根茎团块状；基生叶的第3次羽裂片半裂，末回小裂片彼此分离……

……………………………………… **4. 抚芎**_Ligusticum sinense_ **cv. Fuxiong**

1 基生叶及茎下部叶为2回三出式羽状全裂，小羽片边缘齿状浅裂，具小尖头；根状茎发达，结节膨大；小总苞片全缘，线形至钻形，边缘非膜质 …… **5. 藁本**_Liusticum sinense_ **Oliv.**

二、生物学特性

（一）生长发育

川芎的生育期可划分为育苓期、苗期、茎发生生长期、倒苗期、二次茎叶发生生长期、根茎膨大期。各生育期有明显的重叠现象。

育苓期：每年12月底至次年7月，在川芎产区的中山地带海拔700~1500m的向阳坡地，培育川芎苓种。

苗期：8月中旬栽种至9月底，川芎发叶、发根。

茎发生生长期：9月底至12月中旬，川芎茎发生并迅速生长。

倒苗期：12月下旬至次年2月初，川芎茎叶逐渐枯黄、凋落，处于越冬阶段。

二次茎叶发生生长期：2月初至4月中旬，川芎长出新叶、新茎，并快速生长。

根茎膨大期：4月中旬至5月下旬，川芎根茎干物质积累多，迅速膨大。

（二）各器官的生长发育特点

川芎器官的生长发育有其特殊的生物学特性，川芎的根、茎、叶在各生育期的生长发育、功能各不相同。

1. 根

川芎是须根系植物，其根具有吸收、贮藏功能，又是川芎的药用部位。川芎栽种后3～4天，苓种发生新根，至9月底，川芎根为11～15条，根长8～12cm，单株根的平均干重约0.2g。11月中旬前川芎的根生长量少，新根发生少，从根发生到11月中旬，此时的根几乎是营养作用的须根，不具备贮藏作用。11月中旬至川芎倒苗，根的发生、生长迅速，根数为18～22条，根长15～18cm，单株根干重10.8～12.6g，这段生育时期，根既具有吸收作用，又具有贮藏干物质的功能。12月下旬川芎进入倒苗期，其根数、根长增长量很少，干物质因越冬消耗，减少10.6%。2月初，川芎开始生长，根的生长表现为根数、根长、根重均有少量增长，根以吸收功能为主。从3月至收获，川芎的根迅速生长，干物质积累量大，单株根干重36.5～49.6g，根的主要作用是积累干物质。

2. 茎

在川芎生长过程中起运输通道作用，川芎茎丛生、直立、中空，节盘显著膨大，

栽种时，作为无性繁殖材料。从9月中旬至12月中旬，川芎茎发生、生长快，单株茎数为8～13个，茎高43～55cm，茎叶干重15.3～19.1g。倒苗期，川芎地上部分全部枯死，至2月上旬川芎长出新茎。到3月上旬，川芎地上部分生长到全生育期的最高峰，茎数一般17～25个（最多的有40个）、茎叶干重27.8～33.4g、茎高50～74cm，此后至收获茎的生长保持动态平衡，干重增长少。

3. 叶

川芎的叶互生，1个茎一般有2～3回奇数羽状复叶。叶柄较长，叶柄基部抱住茎秆，小叶3～4对，有柄。川芎栽种后2～3天长出第一片叶，至9月底叶片数7～10片。10月至12月中旬，川芎地上部分生长迅速，叶片数50～65片，达到头年生长量的高峰。此后进入越冬时期。2月上旬川芎开始发生新叶，至4月川芎地上部分生长量最大，单株叶片数54～75片。川芎叶片完全展开后35天左右开始枯黄，从叶尖向基部逐渐枯黄，从开始枯黄约25天，整片叶全部枯干。

（三）氮、磷、钾吸收特点

研究表明川芎在不同生长发育时期对氮、磷、钾的吸收量不同。①川芎对氮的吸收：苗期吸收量少，倒苗越冬时吸氮量最少，茎发生生长期、根茎膨大期吸收量多，二次茎叶发生生长期吸收速度最快。②川芎对磷的吸收：苗期吸收少，茎发生生长期吸磷速度加快，越冬期磷的吸收几乎处于停止状态，二次茎叶发生生长期吸磷加快，根茎膨大期，川芎吸磷速度最快。③川芎对钾的吸收：苗期较快，茎发生生长期吸钾速度有所降低，越冬期吸钾量很少，二次茎叶发生生长期吸钾速度加快，根茎膨大期，吸钾速度仍较高。

（四）干物质积累特点

川芎栽种至10月中旬，其干物质积累量少，为每株3.5g，其中茎叶约75%、根茎25%。从10月下旬至12月中旬，川芎干物质积累出现第一个高峰期，干物质增长速度为每天0.49g，积累量达每株38.7g，根茎、茎叶约各占一半。川芎倒苗越冬期，因地上部分枯死和生理消耗，干物质减少，积累量降为每株18.5g，干物质总量减少52.2%。二次茎叶发生生长期至收获川芎干物质快速增长，累积速度每天0.57g，累积量占川芎全生育期累积量的50%以上，收获时干物质积累量为每株76.8g，其中根茎45.3g，占59.0%，茎叶31.5g，占41.0%。

三、地理分布

川芎的主产区主要分布于四川都江堰、郫县、崇州、新都、彭州、大邑、什邡、彭山、眉山等方圆100km左右的川西平原，云南、贵州等地也有栽培。川产川芎占全国总产量的90%以上。川芎的道地产区位于东经103.40°～104.10°，北纬30.54°～31.26° 四川盆地西龙门山与成都平原过渡地带。

四、生态适宜分布区域与适宜种植区域

（一）生长环境

经过漫长的人工种植、生态环境的适应与自然选择的过程，川芎在成都平原形

成优质高产基地，其中生态环境起了关键性作用。川芎生于高山地区，在野外自然的条件下，处于高山地区的川芎能长期繁衍生长发育，而处于低山地区的川芎一年不如一年。主要是高山生长的川芎很少发生病害，而低山地区病害严重，但高山地区栽培的商品川芎产量低。因此形成了以高山地区培育种源，低坝地区栽培商品药材川芎生产格局。此外，川芎栽培上种源繁殖与大田栽培的生态环境存在着极大的差异。

1. 培育川芎苓种的环境条件

川芎生产上培育川芎种源都是在高山地区进行。有研究将商品川芎的茎秆采收后冷藏作种试验。即在采收川芎的季节，从田间选择没有受到过病菌侵害，茎多，块茎大的茎秆，经过处理后进行冷藏，栽种川芎时将此经过冷藏的茎秆作种源再种。结果表明能正常出苗，但苗纤细，植株病虫害严重，产量低，不能应用于大面积生产。近年来，在川芎产区亦有栽种坝区培育的苓种，对于"异地育苓"和"同地育苓"对川芎产量与品质的影响还需更深入的研究。

（1）气候　培育川芎苓种要求在气温低，日照少，无霜期短，阴雨多、湿度大的气候条件下。年平均气温13～15℃，极端最高气温在30℃以下，最低气温在-10℃以上，无霜期180天左右，年日照时数保持在约900小时，年平均降水量在1200mm以上，相对湿度80%以上的气候环境，适宜培育川芎种源。在这种气候条件下培植川芎种源，川芎茎秆生长高、粗细适宜、节盘大、病虫害发生率低。

（2）土壤　在海拔900～1500m的高山地区，选择向阳的地块培育川芎苓种。地块要有一定的坡度，以便种植川芎苓种时开沟排水，但坡度不宜过大。土壤质地以壤土最好，而砂性重保水保肥弱的土壤，不利于川芎苓种生长，培育出的苓种质量差。种植川芎苓种的土壤黏性重，排水性差，容易造成川芎苓种病虫害，影响川芎苓种地上部分生长，同时也给大田种植时苓种的处理带来难度。

2. 商品川芎栽培环境条件

商品川芎都是种植在坝区，史料记载川芎大面积种植都是在成都平原西部。当地特殊的气候环境条件适宜川芎各生育期的生长发育。

（1）气候　川芎生长发育期的温度在8～30℃之间，最适温度为14～20℃。气温9℃以上时，川芎开始发芽；气温低于4.5℃时，川芎进入休眠状态；气温低于-3℃，川芎易受冻害；气温高于35℃，川芎停止生长。川芎整个生育期对气温最敏感的是苗期，川芎苓子栽种后，若遇高温天气，土壤干燥将导致川芎苓种出苗不整齐，苗纤细。在川芎的道地产区，这一时期恰好是秋雨绵绵的季节，雨天多，日降雨量不大，气候适宜川芎苓种出苗。有研究采用田间试验和调查研究相结合的方法，在都江堰市和南川药植研究所标本园布置试验，探讨了产地与引种地的生态环境对川芎产量、质量的形成效应研究，结果表明生态环境对川芎产量、质量形成有明显的影响。道地药材产生于特定的生态、地理环境，其特有的品质是该药材原物种在其产地的区系发生过程和种系发生过程中，长期受着孕育该物种的生态条件影响而形成的。川芎在都江堰市的生态环境下表现出最大的适应性，生长发育状况最佳，产量最高，品质最好。而在南川的生态条件下，生长发育受控，形态发生变异，产量降低，品质下降。银玲等以川芎为对象，研究了川芎药材的主要指标成分含量与部分产地生态因子的相关性，结果表明川芎中阿魏酸含量与产地年均气温存在显著负相关关系，而多糖含量与产地海拔高度有显著负相关关系。因此，川芎生长喜气温温和、日照充足、湿润潮湿的气候，怕荫蔽和水涝。春秋两季日间晴朗，清晨有露，昼夜温差大的天气对川芎的生长最有利，大田移栽期怕热。年均气温15.2℃左右，极端最高气温为34℃，极端最低气温−5℃。全年日平均气温≥5℃的天数为310.1天，积温5315.7℃，降雪5.5天，降霜26.0天，霜期96.6天。年平均降水量为1243.7mm，年均相对湿度81%，适宜栽培川芎。

（2）地形地貌　川芎适宜生长在海拔为400～700m，地势平坦的土地。川芎为须根植物，其块茎是药用部位，没有主根且须根短，其须根在生长过程中不可能伸到土层较深的地方吸收养分与水分。地势平坦，能引水灌溉的地区是种植川芎理想的地貌类型。最好是在冲积平原上，冲积平原的地势平坦，地下水位高，对川芎灌溉、中耕管理有利。选择种植川芎商品药材的土地，除考虑川芎生长发育需要外，还应选择远离排放污染废气的企业，种植川芎的土地所处环境的空气应达到适合农业生产的空气质量标准。

（3）水分条件　川芎生长过程对水分条件有较高的要求。川芎出苗要求土壤保持湿润，但又不能积水，空气湿度大对川芎的出苗有利。生长的各个时期白天土壤水分含量低，夜间土壤能回润是川芎生长的最好水分状态。选择地势平坦的冲积坝，其地下水位高，土壤为冲积土，即肥沃而疏松的砂质壤土，白天从土壤里蒸发掉的水分，夜间回潮又得到补充，川芎的营养根在耕作层就能吸收到生长发育需要的水分，不会影响川芎的商品质量。有研究发现在地下水位低的土壤上种植川芎，其他条件基本相似，川芎的营养根会大量向地下伸长，营养根长度是正常情况下的2倍。在这种地下水位低的土壤上种植川芎，川芎块茎底部会形成1～3条肉质根，肉质根上会长出数量不等的须根，通过这种须根吸收到深层土壤中的水分，以满足川芎生长对水分的需求。肉质根的大小因土壤情况而不同。由于肉质根的存在，川芎块茎的形状也由拳状团块变成了近似圆锥状，进而影响川芎的商品外在品质。商品川芎生产要求其灌溉水源和地下水没有受过污染，地下水重金属化合物含量低，地表水没有流经化学工业、农药生产企业污染过的河道。地下水和地表水的水质都应达到旱作作物的灌溉水质标准。

（4）土壤条件　川芎适宜在潮土类土壤上生长。潮土类土壤质地适中，保水保肥性好，又不会形成土壤渍水，地下水位高的情况下土壤的回润力强，在生产管理恰当的情况下川芎产品质量好、产量高。在砂性重的土壤上种植的川芎生长差且容易受到干旱影响。在黏重的土壤上种植川芎，土壤排水性不好，川芎病虫害发生多且川芎的块茎形状差。因此，川芎适宜栽培在土壤疏松、土层深厚、有机质丰富、排水良好、肥力中上的中性或弱酸性土壤上，而过砂过黏的黄泥、白鳝泥、下湿田等通透性差、排水不良，都不宜栽培。同时川芎栽培的土壤环境质量标准应达到土壤环境质量的Ⅱ类土壤要求（图2-5）。

（二）生态适宜分布区域与适宜种植区域

川芎作为我国重要的大宗药材，其栽培历史悠久，道地性强，主产区集中在四川盆地中央丘陵平原区的成都平原亚区，包括都江堰、郫县、彭州、新都、崇州、什邡等地。为促进川芎产业发展，扩大其种植规模。王瑀等以四川都江堰为川芎道地药材基点县，采用自主研发的《中药材产地适宜性分析地理信息系统》分析了川芎全国适宜产区。结果表明，按照川芎药材生长所需的气温、降

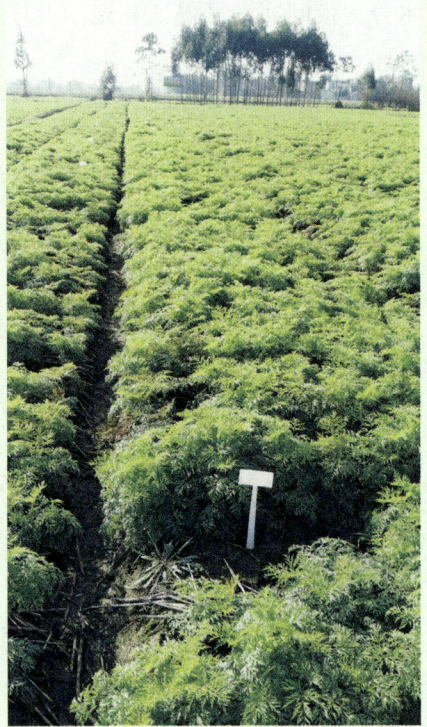

图2-5　川芎栽培生态环境

雨量、海拔和土壤类型等生态条件要求，除四川传统产区外，四川的东部地区、湖北、贵州、陕西的部分地区也是川芎的适宜产区。这些地区的气候、气温、降雨量以及日照等生态环境适宜川芎生长，为川芎生产的适宜区。因川芎采用山地育苓、坝区种植，许多地区如福州地区引种川芎获得成功，并探索出优质高产栽培措施，但由于引种地较原种植地气温较高，海拔较低，以致无法留种，从而制约了当地川芎的发展。

都江堰、郫县、彭州三地，位于岷江中游，成都平原西北边缘，境内有山有坝，最高海拔4582m，最低海拔592m，夏无酷暑，冬无严寒，为川芎的最适宜区。川芎

苓种主要集中在盆地边缘山区西缘亚区，包括都江堰市中兴镇两河村、汶川县水磨灯草坪村，海拔在1200m以上的阳山土地，自然条件良好，为川芎苓种繁育的最适宜区。

第3章

川芎栽培技术

川芎为多年生草本植物，采用地上茎节（苓子）进行无性繁殖。川芎的传统栽培主要采用高山育种、坝区栽培的方式。

一、术语及定义

1. 苓子

川芎繁殖材料为地上茎节，俗称"苓子"或"芎苓子"。

2. 土苓子

农历立秋前后，中山育苓川芎的茎秆上紧接根茎，呈深褐色的第1～2个茎节，称"土苓子"。

3. 茴香秆

农历立秋前后，有的植株节盘直径大，茎秆直径亦大的徒长茎，不能做苓种。

4. 正山系

土苓子上面连续7～8个节盘粗大、节间直径较细的部分，称"正山系"。为做川芎苓种的最佳部位。

5. 大当当

一般为茴香秆割下的苓子，节盘直径大但不突出，茎秆直径亦大，芽苞小，一般不做苓种用。

6. 细山系

节盘直径介于正山系与扦子之间的苓子，质量较差，在正山系不够时，可作苓种使用。

7.　扦子

细山系上面的1~2个节盘，较小，节间直径较细，不能做川芎苓种。

8.　苓子系数

节盘直径与节盘下5mm处直径的比值。苓子系数越高，节盘直径相对越大，苓子质量越高。通常"正山系"和"土苓子"的苓子系数高。"大当当""细山系"和"扦子"苓子系数低。

9.　奶芎或抚芎

川芎在无性繁殖过程中，立春前，从坝区采挖未成熟的根茎称"奶芎"或"抚芎"。运上中山（海拔900~1500m）育苓，此时苓种距栽种只有120天左右，远未完成生长周期（正常川芎生长周期为270~280天）。

10.　山川芎

农历立秋前后，在中山育苓的川芎，选择无雨天，拔出带根茎的地上部分，将茎秆扎成捆，运下山作苓种。地下根茎部分称"山川芎"。

11.　坐蔸

与同批苗相比长势，发育迟缓的苗。

12.　封口苓子

每厢行与行之间的两端各栽苓子1个，该苓子即为封口苓子，作为补苗或起挖抚芎之用。

13. 扁担苓子

每隔10行栽种1行苓子，该行苓子即为扁担苓子，作为补苗或起挖抚芎之用。

二、川芎苓种繁育技术

1. 选地

选择繁殖地海拔高度900～1500m，自然植被为常绿阔叶林和竹林。海拔较高的山区气候寒冷，宜选向阳处；低山宜选半阴半阳的地方。尽量选择地势较为平坦、土层深厚、富含有机质、排水良好的地块。坡度过大、土层瘠薄、保水困难的坡地不宜选用。原则上苓种繁育地每年轮换，要选前一两年没有育过苓子的土，以减少病虫危害。

2. 整地

在选好的苓种繁育地上，浅挖松土，除尽地上杂草，耙细整平表土，依地势和排水条件开厢，厢宽1.6m。厢间开沟15～20cm深，沟宽20～25cm，土地四周挖好排水沟，沟深15～20cm。

3. 抚芎（奶芎）的选择与处理

（1）抚芎的起挖 抚芎应于栽种前一周，从坝区川芎地里选择苗生长健壮的田块起挖，选择个圆、芽多、根壮、紧实的抚芎，剔除"水冬瓜"等病弱和直径3cm以下的过小抚芎，去掉地上部分及根茎上的须根、泥土后，装入编织袋或麻袋中，运往山苓种繁育地栽种，或置阴凉通风处晾5～6天后栽种。

（2）抚芎分类与栽种密度　将挖出的抚芎按大、中、小分类，并按下列规格分片栽种：①大个抚芎（直径6.5cm左右）：行株距35cm×30cm；②中个抚芎（直径5.0cm左右）：行株距27cm×27cm；③小个抚芎（直径3.5cm左右）：行株距21cm×21cm。也可统一按行株距30cm×27cm规格打穴，每穴种大个抚芎1个，中小个抚芎1～2个。

4. 栽种

（1）抚芎栽种期　1月中下旬（大寒前后）栽种抚芎。

（2）播种　在整好的繁育地上，统一按行株距30cm×27cm规格打窝，每窝种抚芎一个，小个抚芎1～2个。栽种时抚芎芽眼朝上，不可倒置。覆盖薄土后浇少量腐熟清粪水。

5. 田间管理

（1）疏苗定苗　春分（3月20日）至清明（4月5日），苗高12cm左右时进行疏苗定苗，去除弱小苗及病苗，每窝留8～12苗的壮苗。

（2）中耕除草　抚芎栽种后，行间覆盖麦秆、玉米秆或稻草，可抑制阻碍杂草生长，并辅以人工除草。人工除草分三次：第一次，3月20日左右在疏苗的同时进行；第二次，4月20日左右；第三次，5月20日左右。禁用除草剂。

（3）施肥　第一次：结合疏苗定苗，每亩施用油枯50～100kg、腐熟猪粪1500kg（按猪粪：清水=1：3比例施用）。第二次：5月封行后，对长势较弱的芎种繁育地，进行根外追肥1～2次，每亩施尿素1kg，加磷酸二氢钾200g，兑水150kg。长势正常旺盛的地块，可只在根外追施磷酸二氢钾一次，以促进根系和茎秆的发育，提高植株的抗病力。

（4）排灌　保持苓种繁育地四周排水良好，遇干旱天气要及时浇水。

（5）插枝扶秆　于苗高40cm时进行。每株川芎旁插1根粗1～2cm、高1m左右、上部带2～3个竹枝的竹竿，以防倒伏（图3-1）。

6. 病虫害防治

（1）农业防治　排除田间积水，降低田间湿度；发现病株立即拔除，集中烧毁或深埋，并用5%石灰水灌病穴消毒。

（2）物理防治　在苓种地安装黑光频振灯等，可诱杀川芎地下害虫金龟子和地老虎等虫害。

（3）化学防治　原则上以施用生物源农药为主。

预防川芎茎节蛾幼虫危害，可用杀苏（BT类，每亩用40g，兑水50kg）、虫满威

图3-1　川芎苓种繁育的插枝扶秆

（含阿维菌素，每亩用100ml，600～1000倍液）或用苦参煎液（每亩用5kg苦参，熬水浓缩成40kg，喷雾）于5月中旬和6月中旬分两次施用。如虫害严重时，每亩可用90%晶体敌百虫100g，兑水50kg，喷施。

预防地下害虫川芎宽齿爪鳃金龟幼虫蛴螬和土蚕等，可将新鲜玉米叶、青笋叶等切成5.0～6.7cm短节，混合后浸入0.001%的敌百虫溶液中片刻，捞出后于傍晚撒在畦面上诱杀。如虫害严重，可用90%晶体敌百虫1000～1500倍液，浇灌根部土壤。

7. 采收

（1）采收时间　7月下旬至8月上旬，育苓川芎地上部分顶端开始枯萎，茎上节盘显著突出，并略带紫色时，选择阴天或晴天清晨露水干后收获。不宜在雨天或雨后土壤潮湿的情况下采收。

（2）采收方法　采收时用手直接拔取全株，去除山川芎、叶片、扦子节段，剔除病弱茎秆和茴香秆，将健全茎秆打成捆（图3-2）。

（3）采后处理　将打成捆的苓秆运下山，置阴凉通风的室内靠墙竖立堆放2～3天后，用刀将苓子按节割成3～4cm的短节，每节中间留有一个膨大的节盘，将割下的苓种薄摊于通风、避光的室内贮藏（不能在混凝土地面上），表面覆盖一层植物干叶，温度25℃以下，贮放6～10天，于立秋后取出栽种。或将打成捆的苓秆置同样条件的山洞或室内贮藏，于栽种前运下山，割3～4cm的短节，栽种（图3-3）。

图3-2 川芎苓种的采收　　　　　　　　　　图3-3 川芎山苓种

8. 运输

运输工具应干燥、无污染，不要与可能造成污染的货物混装，不要使用运输过有毒、有害物质以及有异味的运输工具。

文献报道通过田间试验，研究不同海拔育苓对川芎出芽率及生长参数的影响，结果表明高海拔育苓使川芎表现出较好的发芽和生长特点。来源于海拔1190m苓种的川芎出芽率最高，幼苗最高及其冠幅面积最大；同时，高海拔来源苓种川芎成株在生长前期株高较高、节间距较大、分株数和节盘数也较多；生长后期，除了单株根茎干重较重和二次茎叶发生时的主茎直径较小以外，不同海拔来源苓种的川芎其他生长参数之间差别不显著。分析原因：高海拔苓种在出芽率和出芽速率方面都有明显的优势，且幼苗具有较高的高度和较大的冠幅面积，说明高海拔来源的苓种具有较强的环境耐受和生境拓展能力；川芎坝上生产时，高海拔种源的幼苗更容易完成植建，且具有较高的同化生长能力，这可能是高海拔的环境对苓种驯化的结果。川芎的地下部分生物量的累积在前期较少，而高海拔育得的川芎具有较强的"觅食"和"同化"能力，故高海拔育得的川芎在生长前期把资源分配到地上部分，表现在株高较高、节盘总数较多、节间距较大；在生长后期，由于分株强度和密度较大，主茎直径较细，地上部分资源分配相对较少，故根茎干重较重。

三、栽培技术

1. 选地与整地

（1）选地　在四川都江堰、彭州、什邡、彭山、崇州、新都等周边地区选地。选择地势平坦、向阳、土层深厚、排灌方便、肥力较高、中性或微酸性的地块。

（2）整地　栽种前应深翻土地，每亩用磷肥120kg，拌农家肥1500kg作底肥，耙细整平。挖沟开厢，厢面宽一般1.6～1.8m开厢，沟宽30cm，沟深20～30cm，厢面挖松整细，做到深沟高厢，并做成龟背形或厢面平整。

2. 选种及苓种处理

选用茎节粗壮，节间短，无病虫害的健壮苓种，去掉上尖，剪成3～4cm的小段，每块上带有一个节盘。栽种前用多菌灵1000倍液浸种15～20分钟。

3. 栽种

（1）栽种时间　8月中下旬，不宜迟于处暑后。

（2）栽种密度　栽种密度范围为0.8万～1.2万株/亩。

（3）栽种方法　按行距25～28cm开2～3cm的浅沟，沟内每隔15～20cm放1个苓

子，苓子应芽向上或侧向上斜放沟内，轻轻按入土中，使苓子既与土壤接触，又有部分露出土表，苓种茎节入土1～2cm为宜，栽后用细渣肥或细土覆盖苓子。一般亩用苓子量30～40kg。

4. 稻草覆盖

苓子栽植后，应及时进行稻草秸秆覆盖。稻草覆盖有两种方式，一种是垂直厢面覆盖一层稻草，另一种是横厢面仅将稻草覆盖苓种处（图3-4）。

图3-4　川芎栽种后稻草覆盖

5. 田间管理

（1）补苗　川芎出苗后，及时查苗补缺。补苗宜选择阴天，挖取"扁担苓子"和"封口苓子"进行补苗。补苗时应带土移栽，补后及时浇水，保证成活率（图3-5和图3-6）。

图3-5　出苗川芎植株

图3-6　川芎的田间管理

（2）追肥　栽后两个月内每隔20天追肥1次，集中追肥2次。第一次：栽后半个月，川芎二叶一心时，亩用45%的复合肥5～8kg，腐熟猪粪水750kg，硫酸钾5kg；第二次：用肥量在上一次的基础上适当增加用量，以氮肥为辅，增施磷钾肥为主。

次年春季茎叶返青后视土壤情况和苗情可追肥3～4次。同时，在川芎封行和第二年的4月中旬各喷施一次0.2%磷酸二氢钾，可控制苗高，以促进根茎膨大，提高产量。

（3）除草　生长期间，采用人工除草方法及时拔除田间杂草。

（4）灌排水　川芎生长期间如遇干旱，应及时引水浸灌厢沟，使厢面保持湿润；如遇积水，应挖沟排水。

6. 病虫害防治

（1）病虫害防治原则　贯彻"预防为主，综合防治"的原则，农业防治、物理防治、生物防治和化学防治相结合，做好病虫害预测预报，严禁使用国家禁用农药，农药使用应符合GB 8321要求。

（2）农业防治方法　①实行水稻-川芎水旱轮作；②选用无病虫害的健壮苓种；③栽种前，清理田间，病叶残株及杂草集中烧毁；④加强水肥管理，雨后及时排水，保持田间排水通畅，厢面不积水；⑤发病后，及时拔除病株，集中烧毁。

（3）病虫害种类及化学防治方法（表3-1）。

表3-1　川芎常见病虫害及推荐化学防治方法

病虫害名称	防治时期	推荐防治方法	安全间隔期（天）
根腐病	8～10月	苓子栽种前用多菌灵1000倍液浸泡15～20分钟；	
		50%多菌灵可湿性粉剂800倍液灌根；	≥20
		70%甲基托布津800～1000倍液灌根；	≥30
		40%多硫悬浮剂600倍液灌根；	≥20
		0.36%苦参碱1000倍液灌根	≥7
白粉病	5～8月	4%农抗120水剂300～400倍液喷施；	≥7
		10%多氧霉素可湿性粉剂500～1000倍液喷施；	≥15
		75%百菌清湿性粉剂800倍液喷施	≥14
蛴螬	8～10月	90%晶体敌百虫1000～1500倍液灌；	≥7
		40%乐果乳油1000倍液；	≥10
		1.8%阿维菌素乳油2000倍液	≥14
茎节蛾	5～8月	1600IU/mg苏云金杆菌（BT8010悬浮剂）	≥7
		750～1000倍液喷施；	
		1.8%阿维菌素乳油 1500倍～2000倍喷施；	≥21
		0.36%苦参碱水剂 800倍～1000倍喷施	≥7

四、采收与产地加工技术

1. 采收

川芎属根茎类药材，由于地区不同采收季节各有所异。四川平坝栽培于第二年5月下旬至6月上旬采收（小满前后），当茎部的节盘显著膨大，并略带紫色时采挖；山地栽培于8～9月间采挖，除去茎苗及泥沙，运回加工；北京栽后第二年8月上旬采收；云南栽后第二年10～11月地上部分枯萎后采挖（图3-7）。

图3-7　川芎的采收

2. 产地加工

（1）炕床烘干法　将日晒3～4天的鲜川芎，平铺在炕床上，外用鼓风机向炕床下吹入带无烟煤燃烧的热风，上下翻动。烘炕过程严格控制炕床上的温度，药材处温度不得超过70℃。烘8～10小时后取出，撞去须根和泥沙。堆积发汗2～3天，再置炕床上改用小火烘炕5～6小时，炕干（用刀砍开中心不软），放冷后撞去表面残留须根和泥土，用等级分离器进行分级后包装贮藏（图3-8至图3-11）。

（2）自然晾晒　将鲜川芎平铺在竹席上或混凝土地上，日晒，遇阴雨天铺于室内通风干燥处。晾晒过程中注意上下翻动，以便尽快干燥，防止生霉。干燥后及时撞去须根和泥沙，再晒干透，包装贮藏。

图3-8　川芎的去泥土及须根

图3-9　川芎炕床鼓风机

图3-10　川芎的炕床

图3-11　川芎等级分离器

（3）其他加工方法　①远红外干燥法：将鲜川芎日晒1~2天后，置红外线干燥箱内，调节温度50~55℃。烘烤过程中注意时常上下翻动及干燥箱内上下的互换，使受热均匀，干后及时取出，撞去须根及泥沙，再置干燥箱中，至干透，取出，包装贮藏。②微波干燥：将鲜川芎日晒1~2天后，分批置微波炉内，用解冻火力加热6分钟，取出，冷却2~4分钟后，再置微波炉中，重复3次，至干透为止，包装贮藏。③低温烘干法：将鲜川芎日晒1~2天后，置烘箱内，调节温度50~55℃。烘干过程中注意上下翻动，以便加快干燥。干燥后及时撞去须根和泥沙，再晒干透，包装贮藏。

不同干燥方法对川芎的有效成分的含量有很大影响。研究表明：微波干燥和远红外干燥为最优，但由于产地条件的限制和从大生产实际考虑，产地主要采用自然晒干和炕干两种加工方式。

3. 炮制

川芎净制始载于唐代《仙授理伤续断秘方》，同时唐代还有熬制法。宋代新增切制、炒制、醋制、粟米泔浸三日、煅制、酒炒等。至明代有醋煮、酒煮、酒洗、盐水煮、盐酒煮、蜜制、煅炭等方法出现。近代，以切片生用和酒炙为主。古方单用芎䓖含咀以主口齿疾，近世或蜜和作指大丸，欲寝服之，治风痰殊佳（《证类本草》）。偏头风痛：京芎细锉，浸酒日饮之（《本草纲目》）。

川芎　《证类本草》："净水洗净。"《刘涓子鬼遗方》："切。"《仙授理伤续断秘方》："汤泡七次。"《苏沈良方》："锉如豆大。"《经验后方》："净水洗浸，薄切片子，日干或焙。"《丹溪心法》："去苗芦。"

酒川芎　《太平圣惠方》："治妇人崩中下血，昼夜不止，以芎一两锉，酒一大盏，煎至五分去滓，入生地黄汁二合，煎三两沸，食前分二服。"《扁鹊心书》："酒炒。"《普济方》："川芎四两，锉，用好酒一升，银石器内重汤煮至酒干为度。"《朱氏女科秘书》："酒洗。"《医宗说约》："酒浸用。"

炒川芎　《千金翼方》："熬。"《博济方》："微炒。"《普济本事方》："焙。"《外科理例》："炒。"

米泔水制川芎　《证类本草》："粟米泔浸。"《御药院方》："粟米泔浸三日，薄切片子，日干为末。"《世医得效方》："米水炒。"《普济方》："米水浸。"《本草纲目拾遗》："去净油，米泔水浸洗收干。"

徐国钧《中国药材学》收载川芎炮制方法为："①川芎片将原药除去杂质，分档，洗净，用清水浸 1 小时，捞起，焖润，中途淋水至润透，切成 2～3mm 厚片，晒干，筛去灰屑。②麸炒川芎先将铁锅加热，撒入麸皮至冒烟时，将川芎倒入迅速拌炒，至表面微黄时，取出，筛去麸皮。③酒川芎取川芎用黄酒拌匀，吸尽，焖透，用文火炒干，取出，放凉。每 100kg 川芎片，用黄酒 10kg。"

张贵君《现代中药材商品通鉴》收载川芎炮制方法为："川芎片取原药材，除去杂质，分开大小个，用清水略泡，洗净，润透，切成厚 2～4mm 的薄片，晒干。酒川芎取川芎片淋洒黄酒（每 100kg 川芎片，用黄酒 20kg），拌匀后，焖润，置锅内用文火炒至显深黄色，取出。"

33

《中国药材图鉴中药材及混伪品鉴别》收载川芎炮制方法为:"除去杂质,分开大小,略泡,洗净,润透,切薄片,干燥。"

《中华药海》收载川芎炮制方法为:"1.净制:除去杂质。2.切制:洗净,润透,切薄片。3.炮炙:①酒制:取净川芎片,用黄酒拌匀,润透,至锅内用文火加热,炒干,取出放凉。每川芎100kg,用黄酒10kg;或取川芎,洗净,置容器内,加入酒及适量清水,使吸尽润透后,蒸3~4小时,取出,切薄片,晒干,每川芎片100kg,用白酒10kg;取原药材洗净,加水浸一天,煮至内心金黄色为度,捞起,保留原汁,加酒闷一夜,晒干,再用原汁润透切片,干燥,每川芎100kg,用酒1kg。②炒制:取川芎片至锅内,用文火炒至黄色,取出,放凉;或用文火炒至微焦。③麸制:将锅烧热,撒下麦麸,至冒烟时加入川芎片,炒至深黄色,取出,筛去麸皮,放凉。每川芎片100kg,用麸皮18kg。④酒、麸制用酒拌匀川芎片,将锅烧热,加入麸皮,炒至深黄色,取出,筛去麸皮,放凉。每川芎片100kg,用白酒10kg。"

综合以上古代文献及现代文献考证,川芎的炮制方法多为净制和酒制。川芎产地加工依干燥方式不同,可分为晒干的晒货,炕干的炕货两种。饮片加工过程,历代炮制加工方法各有发展,自唐代起,先后有熬制、微炒、醋炒、米泔水浸、焙制、煅制、酒炒、米水炒、茶水炒、童便浸、清蒸、盐水煮、盐酒炙、煅炭、蜜炙、药汁制等多种方法,现行主要有酒炒、酒蒸、酒煮、炒黄、麸炒等方法。目前临床上主要用川芎和酒川芎。

4. 贮藏

川芎贮藏过程中极易出现虫蛀、发霉、泛油、变色等现象，蒋氏等研究了在三年的贮藏期内，五种不同包装材料（编织袋、塑料袋、纸箱、麻袋、真空密封塑料袋）以及不同贮藏时间对GAP基地川芎有效成分的影响。结果表明，各种包装的川芎随贮藏时间的延长，其水分和挥发油含量均呈下降趋势，贮藏3年后，挥发油含量已经降至贮藏前的1/4～1/3；阿魏酸含量随贮藏时间延长则有增减趋势；总生物碱含量变化无规律，增减均有；不同包装材料中，川芎有效成分含量差异较大，包装材料可首选麻袋或编织袋，若包装量小时，有条件可选用真空包装。研究证实真空密封包装的川芎保存质量较好，3年中基本没有变质现象。为避免川芎在贮藏中发生质变，包装好的川芎应放置在通风、干燥、避光或阴凉低温的仓库或室内贮藏，切忌受潮、受热；库内最好有降温和除湿设备；贮藏过程中，要经常检查，一旦发现有变质现象，要及时处理；同时，每年向库内放置两次磷化铝（第一次4～5月，第二次7～8月），可防治虫害，效果较好。

第4章

川芎特色适宜技术

一、免耕稻草覆盖技术

免耕稻草覆盖技术操作简便，农民易掌握，不需要增加更多的投入，加之省工省力省本，增产增收，还可以解决时间和劳力紧张的矛盾，因此农民易于接受。特别是随着农村经济的发展和农村能源的改善，作物秸秆原有的饲料、燃料、农民建房材料等功能逐渐降低，在一些地区秸秆已成为农民种田的负担，秸秆覆盖栽培正是为秸秆去处找到了出路。

现今在作物栽培中，免耕覆盖（保护性耕作）已成为作物栽培的重要发展方向。因秸秆（覆盖）还田可加速土壤物质的生物循环，促进土壤有益微生物的生长，改善土壤结构，提高土壤有机质含量，调节氮、磷、钾、微量元素等养分供应状况，对培肥地力具有重要的作用，因而有一定的增产效果。免耕可以有效保持水土，改善土壤结构，提高土壤肥力（特别是表层土壤），也具有一定的节本增收作用。

近年来，在川芎的栽培产区采用了免耕稻草覆盖技术。范巧佳等通过田间试验，深入研究土壤耕作（免耕、旋耕）和稻草覆盖（整株或切碎覆盖及其数量）对川芎土壤理化特性、产量与主要品质指标的影响。研究表明，川芎栽培采用稻草覆盖可显著提高土壤有机质、碱解氮、有效磷和速效钾含量，这些肥力因素随稻草覆盖量的增加而提高，在等量稻草覆盖时，切碎覆盖的显著高于整草覆盖的；免耕与旋耕相比有降低土壤有机质、碱解氮和速效钾含量的趋势，但可提高块茎膨大期土壤的有效磷含量，适宜的稻草覆盖还田能显著提高川芎的产量，以切碎覆盖还田的增产幅度最大；免耕与旋耕的川芎产量差异不显著，但免耕因降低了生产成本，可以提高川芎生产的经济效益。稻草覆盖有助于提高川芎的阿魏酸和总生物碱含量，特别是切碎覆盖处理；免耕与旋耕相比有降低川芎阿魏酸和总生物碱含量的趋势（图4-1）。

　　蓝天琼采用裂区设计，主区：免耕（前茬水稻旋耕，后茬川芎免耕栽培），翻耕（前茬水稻旋耕，后茬川芎旋耕栽培，为当地生产上的普通方法），副区：不盖稻草、整草覆盖（按生产中所用的覆盖量，分为整草覆半量、整草中量、整草倍量）、稻草切碎（将稻草切割成2~3cm长的草段）覆盖（简称切碎中量），研究结果表明：在川芎二次茎叶期和块茎膨大期，土壤中细菌、放线菌、真菌数量在免耕条件下明显高于翻耕，在收获期土壤中细菌、放线菌免耕与翻耕差异不大，真菌数量免耕低于翻耕，稻草覆盖后可以明显增加土壤中细菌和放线菌数量，稻草覆盖量适宜增大，土壤微生物数量也逐渐提高，稻草切碎后覆盖土壤微生物数量高于同量稻草整草覆盖；免耕稻草覆盖能明显提高土壤中纤维素酶、蛋白酶、尿酶的活性，对过化氢酶影响不大；土壤有机质、碱解氮、有效磷和速效钾含量免耕与翻耕差异不显著；整草覆盖对川芎出苗和成苗有一定影响，但稻草切碎覆盖可在有一定程度上提高川芎的成苗率；

图4-1　稻田未翻耕栽种的川芎

翻耕与免耕相比，前期有促进根茎叶生长、增加株高和茎数及根茎叶干重的作用，但这种效果随生育进程的推进而逐渐降低，免耕有一定促进块茎形成和膨大的效果；稻草覆盖有促进川芎生长的作用，特别是切碎覆盖，各时期川芎各器官的重量表现为切碎中量＞整草中量和倍量＞整草半量＞不盖草；免耕可显著提高川芎生产的经济效益，但对阿魏酸含量、总生物碱含量等品质指标有一定影响。稻草覆盖栽培可以显著提高川芎的产量、品质和经济效益，其中以切碎中量覆盖效果最佳。在整草覆盖各处理中，川芎产量和品质表现为倍量和中量覆盖处理优于半量处理，产投比却是中量高于半量，倍量最低。

二、川芎-水稻保护性耕种技术

川芎-水稻保护性耕种技术是指通过水稻-川芎水旱轮作、免耕技术及地表覆盖、合理种植等综合配套措施，从而减少农田土壤侵蚀，保护农田生态环境，并获得生态效益、经济效益及社会效益协调发展的可持续生态农业技术。其核心技术包括茬口安排、品种选择、免耕、沟厢耕作、稻草覆盖、适时种收。通过这些技术措施，不仅可减少农田土壤中各种有毒物质的积累和病、虫、草的危害，还可调温保湿增肥，可使得川芎产量提高的同时降低肥料、农药和劳动力投入。

20世纪末期，随着保护性耕作技术在西方的兴起，国内为解决农民过多施用化学肥料造成土壤板结、土壤有机质减少、农业生产效益下降的突出问题，保护性耕作逐渐发展并应用起来。成都平原是川芎的道地产区，随着保护性耕作技术的推广和应用，成都平原川芎产区传统的水稻-川芎水旱轮作种植模式中引入了免耕稻草覆盖技术，1999年在都江堰市的石羊镇、胥家镇和崇义镇等川芎产区大力推广稻田免耕稻草覆盖种植川芎，实现了较好的经济效益和生态效益，至2012年，全市累计推广川芎-水稻保护性耕作技术1万余亩。

2012年12月20日四川省地方标准发布了水稻-川芎保护性耕作栽培技术规程。近两年，该种植模式在川芎新的主产区彭州、彭山得到了广泛的应用，已发展成为种植川芎的主要耕种模式。

三、厢式宽窄行栽培模式技术

为改变川芎单产较低的情况，孟中贵等采用厢式宽窄行栽培模式技术，获得了显著的增产效果。采用①2∶1模式：宽行40cm，窄行20cm，株距23.3cm（下同），按宽窄行之比定模式。亩植川芎9510株，较常栽培增加33.4%；②2.25∶1模式：宽行45cm，窄行20cm，亩植川芎9010株，较常规栽培增加26.4%；③2.5∶1模式：宽行50cm，窄行20cm，亩植川芎8560株，较常规栽培增加20.1%；④2.75∶1模式：宽行55cm，窄行20cm，亩植川芎8150株，较常规栽培增加14.3%；⑤3∶1模式：宽行60cm，窄行20cm，亩植川芎7780株，较常规栽培增加9.1%。试验结果表明，3∶1模式为高肥力下的高产模式，与常规栽培比较，单株生物产量增加7.98%、块根重量增加26.62%、根冠比提高32.1%、亩产量增加32.63%；2∶1模式为低肥力下的高产模式，与常规栽培比较，单株生物产量提高4.0%，块根重量、根冠比无差异，亩产量增加32%；2.5∶1模式在各种肥

力条件下均表现稳定增产，增产幅度为19.5%～30.49%，为通用的高产模式。

四、降镉富集式栽培技术

川芎是川产道地药材，是我国主要出口中药材品种之一。作为世界最大的植物药材生产国，我国中药材总出口额仅占国际市场的3%，主要制约因素是药材中重金属污染超标，其中川芎曾6次因重金属超标而被销毁。研究发现，在川芎重金属含量检测的10种元素中，川芎中镉（Cd）普遍存在一定程度的超标问题，而检测土壤Cd含量并不超标。表明川芎Cd超标可能与川芎对Cd有一定的富积倾向有关。Cd为第五周期第ⅡB族元素，能干扰大鼠肝脏线粒体中氧化磷酸化过程，抑制多种氨基脱羧酶、组氨酸酶、过氧化物酶等的活力，使许多酶系统的活性受到抑制，从而使肝、肾等组织中酶系统正常功能受损，干扰Cu、Co、Zn在体内的代谢；Cd可致癌、致畸胎和致突变。人通过食物链摄入Cd并累积于肝、肾等器官中，造成急性或慢性中毒。

近年来研究表明，通过降低土壤酸度，不施用矿物性肥料如过磷酸钙，多施用有机肥料或少量施用人工合成化学肥料如尿素、磷酸二氢钾等，在农药使用上注意少用重金属铜（Cu）、锌（Zn）含量高的农药如波尔多液、代森锌等，改变相应的栽培模式可降低川芎的重金属Cd的含量。例如：周斯建等以彭州川芎种植区的菜园土、稻田翻耕土、稻田免耕土、未种过川芎和蔬菜的旱地四种土壤为研究对象，探讨了不同耕作方式下川芎对土壤中Cd、Pb的富集特征，结果表明：川芎对Cd、Pb的富集主要受轮作作物种类和耕作措施的影响，四种耕作方式下川芎根茎、叶片对土壤中Cd的吸收均表现为菜园土＞免耕土＞翻耕土＞旱地，可以通过适当的耕作措施（翻耕，秸秆移除等）可以部分降低稻田中Cd的含量。任敏等采用微波消解-石墨炉原子分光光度法（GFAAS）对施用除草剂和人工除草的川芎药材进行测定，探讨并研究川芎重金属Cd含量与施用除草剂的关系，结果表明：施用除草剂一定程度上导致了川芎药材中Cd含量超标；并探讨了种质与药材Cd含量的相关性研究，结果表明：种质对川芎药材中重金属Cd含量影响不大，但川芎中Cd含量受到地域因素影响较为明显。李青苗等通过对川芎Cd含量与栽培土壤pH及活性态Cd含量关系初探，结果显示土壤的pH越小，即酸性越大，土壤中离子态Cd所占的百分比越高，川芎植物含Cd量越大；利用生石灰、硫磺对土壤pH、川芎生长发育和产量及Cd含量的影响研究，研究表明生石灰不仅可提高酸性地块的土壤pH，降低川芎药材中Cd含量，而且能有效改善川芎生长发育，促进川芎产量提高，可作为酸性土壤的改良剂。宁梓君等探讨川芎富集Cd能力最强的生长阶段，并以生石灰调节土壤pH，有效降低了川芎Cd含量。李阳等通过对四川道地产区内彭山、彭州、邛崃，崇州、都江堰5个区域的川芎样品的Cd含量进行测定研究，5个种植区域的川芎Cd含量背景值平均分别为邛崃0.302mg/kg、彭山0.404mg/kg、都江堰0.555mg/kg、彭州0.974mg/kg、崇州1.025mg/kg，采自同一种植区域的川芎Cd含量相同，表明区域土壤Cd元素含量与川芎Cd含量有一定相关性。何春杨等对栽培土壤定期浇灌不同pH梯度的磷酸二氢钾-氢氧化钠（KH_2PO_4-NaOH）缓冲溶液，升高酸性土壤pH，降低土壤中活性态Cd含量百分比，有效降低了川芎根茎Cd含量。资料报道，天然磷矿石可通过提高酸性土

pH来有效降低土壤中可交换态Cd比例；磷酸盐肥料可抑制植物吸收土壤中Cd。

近年来国内外常用消解方法对川芎药材中Cd含量进行测定，消解方法主要有高温炉干灰化法、湿灰化法、微波消解法，检测方法主要有原子吸收分光光度法（石墨炉原子吸收分光光度法（GFAAS）、火焰原子吸收分光光度法（FAAS））和电感耦合等离子体质谱法（ICP–MS）。川芎中重金属含量的检测还有很多问题等待解决，需要创立更新、更好、更快的方法，以适应实际需要。采用改变川芎栽培的耕作模式、采用间轮作、降低土壤的pH、严格控制农药和除草剂的使用等方法降低川芎药材中Cd的含量。

五、无公害种苗处理技术

苓种是川芎大田栽培的繁殖材料，在川芎栽培生产中，若苓种处理不当，会导致川芎出苗成活率低，病虫害发生严重。生产上迫切需要一种无公害的种苗处理技术，以达到川芎优质、高产和安全的生产要求，提高种植的经济效益。曾华兰等采用浸根、土壤施用和灌根3种处理方式，研究了8种低毒的化学农药、生物制剂和化学药剂处理种苗对川芎成活率、病害和产量的影响。结果表明，各种药剂处理均对川芎无不良影响，均可不同程度提高川芎种苗的定植成活率，控制根腐病的危害，提高产量。其中，木霉菌生物制剂的控病效果和增产效果特别显著，土壤施用木霉菌制剂每亩500g处理对川芎根腐病的防治效果达75.49%、川芎增产14.60%，表现出良好的应用前景。

六、春季追肥

春季是川芎产量和品质的重要形成期，掌握川芎该阶段的需肥特性和追肥技术对于其优质高产栽培有重要的指导意义。田间施肥试验表明，硝酸钙、碳酸钙、尿素、硫酸钾、磷钾配施、氮磷钾配施等不同的追肥处理，可在一定程度上促进川芎根系生长，增加茎蘖数，使植株变高，并显著提高叶片的叶绿素含量，增加干物质积累，特别是地上部分的干物质积累，从而显著提高川芎的产量；尿素、磷钾配施及硝酸钙等追肥处理对川芎品质均有一定的改善作用，碳酸铵、钾肥和磷钾配施对其品质有一定的降低作用，但影响均不显著。综合产量、品质和经济效益考虑，川芎春季追肥以单施尿素58.7kg/hm^2（纯氮27kg/hm^2）效果最好，具有肥效稳定持久、高产、优质和高效的优点，其次为氮磷钾配施。

七、光合特性的调节

杨文钰以四川地道药材川芎植物苓种作为供试材料，研究抽茎期和块茎膨大期喷施不同浓度（0、20、40、80、160mg/L）烯效唑对川芎光合特性、干物质积累、产量和品质的影响。结果表明：烯效唑喷施增加了叶绿素的含量，以抽茎期喷施效果较为显著，其中以低浓度20、40mg/L处理效果最佳，浓度过高有抑制作用。块茎膨大期以高浓度80、160mg/L处理效果最为显著；促进了川芎植株和块茎干重、茎干重、叶片干重的增加，低浓度喷施促进块茎干重的增加，高浓度与对照差异不显著。两个时期均以80mg/L处理效果最好，但以在抽茎期喷施效果最为显著。块茎干重、茎干重、叶片干重的最大干重总量较块茎膨大期处理分别增加了5.2%、31.0%和13.0%；烯效唑处理有提高川芎产量的作用，处理时期不同，其最佳浓度不同，抽茎期喷施以20mg/L处理的产量最高，块茎膨大期喷施则以40mg/L处理的产量最高。产量提高的原因在于块茎体积的增加，块茎膨大期以40mg/L处理效果最为显著，增幅为36%，其次为20mg/L；烯效唑喷施均提高了川芎块茎中阿魏酸的含量，川芎的阿魏酸含量随施药时期和浓度的不同表现出很大的差异，其含量均表现出抽茎期施药显著高于块茎膨大期，前者均值比后者高16.5%。同时烯效唑喷施对挥发油组分含量也有很大影响。

八、间作

由于川芎生育期较长（大约280天），严重影响其他作物的生产。为缓解粮食和药材争地的矛盾并提高土地利用率和生产产值，改变川芎净作的传统栽培方式，实施川芎间作就成为一条有效途径，并已在生产中取得良好的经济效益。但在生产中，还需要对其间作作物和种植方式进行选择，以减少损失，增加收益。孟中贵等研究了川芎与大蒜、莴笋、小麦等作物的间作情况。结果表明，川芎与大蒜间作取得了较好效果，在3∶1和2.5∶1模式下可使土地利用率分别提高26%和28%；川芎与莴笋间作亦取得较好效果，土地利用率在上述两种模式下分别提高22.5%和20%；川芎与小麦间作效果不甚理想，生产中不予采用。

第5章

川芎药材质量评价

一、本草考证与道地沿革

（一）川芎的本草考证

1. 基原考证

川芎入药始载于《神农本草经》，列为上品，书中记载原名芎䓖。《神农本草经》中记载了其性味、功效、主治以及生长环境等，但未提及其植物形态，故不能判别其植物来源。

魏晋时期《吴普本草》记载："一名香果……叶香、细、青黑，文赤如本。冬夏生，五月华赤，七月实黑，附端两叶。三月采根，根有节，似如马衔状。"记载了川芎的别名、产地、采收时间、药材性状等，其中描述植物形态为"叶香、细、青黑，文赤如本。冬夏生，五月华赤，七月实黑，附端两叶。"药材形态描述为"根有节，似如马衔状。"与现今《新编中药志》中川芎原植物"全株有香气，根茎呈不规则的结节状拳形团块，叶互生，抱茎，卵状三角形，羽状全裂，花期7～8月，果期8～9月"等描述基本一致。

南朝时期《本草经集注》记录为："一名胡䓖，一名香果，其叶名蘼芜。生武功川谷斜谷西岭。三月、四月采根，曝干。得细辛治金疮止痛，得牡蛎治头风吐逆，白芷为之使，恶黄连。今惟出历阳，节大茎细，状如马衔，谓之马衔川芎。蜀中亦有而细，人患齿根血出者，含之多瘥。苗名蘼芜，亦入药，别在下说。"《本草经集注》对川芎的药材形态进行了描述"节大茎细，状如马衔，谓之马衔川芎"，未提及植物形态。

宋代《本草图经》记载："叶似芹、胡荽，蛇床辈，作丛而茎细。"《淮南子》所谓："夫乱人者，若芎之与本，蛇床之与蘼芜是也，其叶倍香。或莳于园庭，则芬馨满径。江东、蜀川人采其叶作饮香，云可以已泄泻。七八月开白花，根坚瘦，黄黑色，三月、四月采，曝干。一云：九月、十月采为佳，三月、四月非时也。关中所出者，俗呼为京芎，亦通用惟贵。形块重实，作雀脑状者，谓之雀脑芎，此最有力也。"对川芎的植物及药材形态进行了描述"叶似芹、胡荽，蛇床辈，作丛而茎细……根坚瘦，黄黑色……形块重实，作雀脑状者，谓之雀脑芎"。

宋代《本草衍义》记载："大块，其里色白，不油色，嚼之微辛甘者佳。他种不入药，止可为末，煎汤沐浴。"记载了川芎的药材外观性状为"大块，其里色白，不油色"与现今药材性状描述"断面黄白色或灰黄色"一致。

明代刘文泰《本草品汇精要》：【时】〔生〕四月五月生苗〔采〕九月十月取根【收】暴干【用】根如雀脑者佳【质】形类马衔而成块【色】赤黑【味】辛【性】温散【气】气子厚者阳也【臭】香【主】头风脑痛【行】手足厥阴经，手足少阳经【助】白芷为之使【反】畏黄连【制】水洗去土即用。"《本草品汇精要》说明了川芎的性状类似马衔成块，表面深黑色，气香，与2015年版《中国药典》一部："本品为不规则结节状拳形团块，表面灰褐色或褐色，气浓香"描述一致。

明代李时珍《本草纲目》记载："人头穹窿莳高，天之象也。此药上行，专治头脑诸疾，故有芎莳之名。以胡戎者为佳，故曰胡莳，古人因其根结状如马衔，谓之

马衔芎。后世因其状如雀脑，谓之雀脑芎。其出关中者，呼为京芎，亦曰西芎；出蜀中者，为川芎；出天台者，为台芎；出江南者，为抚芎；皆因地而名也。蜀地少寒，人多栽莳，深秋茎叶亦不萎也。清明后宿根生苗，分其枝横埋之，则节节生根。八月根下始结芎，乃可掘取，蒸曝货之。"与2015年版《中国药典》一部："夏季采挖"描述一致。

明代朱橚《救荒本草》记载："川芎今处处有之，人家园圃多种。苗叶似芹而叶微细窄，却有花，又似白芷叶亦细，又如园荽叶微壮。又有一种叶似蛇床子叶而亦粗壮，开白花，其芎人家种者，形块大重实多脂润，其里色白，味辛甘，性温，无毒。山中出者，瘦细，味苦，甘。"对川芎的植物形态进行描述"苗叶似芹而叶微细窄，却有花，又似白芷叶亦细，又如园荽叶微壮。又有一种叶似蛇床子叶而亦粗壮，开白花。"与现今川芎原植物形态"叶互生，卵状三角形，羽状全裂，末回裂片卵形或卵状披针形，羽状深裂。花白色"描述一致。

清代张志聪《本草崇原》记载"（芎䓖）清明后宿根生叶，似水芹而香，七八月开碎白花，结黑子。川芎之外，次则广芎，外有南芎，只可煎汤沐浴，不堪入药。"描述川芎的产地，叶似水芹而香，七八月开碎白花与现今描述基本一致。综上可以判断，古代用的川芎跟现在用的来源一致。

《中华本草》收载："川芎"之名出自《汤液本草》，入药始载于《神农本草经》原名芎䓖，列为上品；《本草图经》指出："今关陕、蜀川、江东山中亦有之，而以蜀川者为胜。其苗四、五月间生。叶似芹、胡荽、蛇床辈，作丛而茎细。"并附有永康军芎䓖图，永康军在今四川省灌县境内；《本草纲目》载："蜀地少寒，人多栽莳，深秋茎叶亦不萎也。清明后，宿根生苗，分其枝横埋之，则节节生根。八月根下始结芎。"据上所述，现四川省栽培的川芎与本草所述的品种是一致的。

综上所述，历代本草记载川芎的基原为伞形科植物川芎*Ligusticum chuanxiong Hort.*的干燥根茎。

2. 产地考证

川芎的生境分布最早记载于秦汉时期的《神农本草经》，曰："生川谷。"未明确具体位置。

魏晋时期《名医别录》描述为："生武功、斜谷西岭。"生境分布为陕西咸阳武功县，陕西郿县西南。

魏晋时期《吴普本草》描述为："或生胡无桃山阴，或斜谷西岭，或太山。"生境分布为山东泰山。

南朝《本草经集注》描述为："生武功川谷斜谷西岭……今惟出历阳，节大茎细，状如马衔，谓之马衔芎䓖。蜀中亦有而细。武功去长安二百里，正长安西，与扶风、狄道相近。斜谷是长安西岭下，去长安一百八十里，山连接七百里。"描述了以安徽和县为质量好。

唐代苏敬《新修本草》描述为："今出秦州，其人间种者，形块大，重实，多脂润……陶不见秦地芎，故云惟出历阳，历阳出者，今不复用。"描述了质优川芎的产地变迁由安徽和县转为甘肃天水西南。

宋代苏颂《本草图经》描述为："生武功山谷、斜谷西岭。生雍州川泽及冤句，今关陕、蜀川、江东山中多有之，而以蜀川者为胜。关中所出者，俗呼为京芎，亦通用惟贵。"描述了川芎在以四川产地为质量好的基础上，增加了陕西省中部，包括西安、宝鸡、咸阳、渭南、铜川等县地。

宋代《本草衍义》描述为："今出川中。"描述了川芎以四川产地为优。

明代《本草品汇精要》记载了："【地】〔图经曰〕生武功（今陕西咸阳武功县）川谷、斜谷西岭及关中秦州（今甘肃天水市）山阴（今山西山阴县）泰山（今山东泰安市泰山）〔道地〕蜀川（今四川省）者为胜。"至明代《本草品汇精要》首次以按产地、道地的分布来描述川芎，其产地分布为陕西咸阳武，甘肃天水市，山西山阴县，山东泰安市泰山，四川省。道地分布为四川。在明代以前记载中，均记载了以川产质量为好，说明了四川为川芎的道地药材。

明代卢之颐撰《本草乘雅半偈》描述为："芎䓖，川中者胜。胡戎者曰胡芎，关中者曰京芎，蜀中者曰川芎；天台者曰台芎；江南者曰抚芎，皆以地得名也。"描述了以四川产者为质量好。

明代《本草蒙筌》记载为："生川蜀名雀脑芎者，圆实而重，状如雀脑，此上品也。产历阳（属庐州府），名马衔芎者，根节大茎细，状如马衔。京芎关中所种，关中古西京多种莳，因而得名。功专疗偏头痛。台芎出台州（属浙江），只散风去湿，抚芎出抚郡（属江西），惟开郁宽胸。"同样记载为四川产的雀脑芎䓖质量为好。

清代张志聪《本草崇原》描述为："芎䓖今关陕、川蜀、江南、两浙皆有，而以川产者为胜，故名川芎。"描述了以四川产者为质量好。

综上所述，历代本草记载川芎产地主要有川谷，山东泰山山谷、陕西省武功、关中平原，甘肃天水，山西山阴均产，《中华本草》记载川芎主要栽培于四川，云南、贵州、广西、湖北、湖南、江西、浙江、江苏、陕西、甘肃等地均有引种栽培。

3. 历代品质考证

《淮南子》所谓："一云九月、十月采为佳，三月、四月非时也。关中所出者，俗呼为京芎，亦通用惟贵。形块重实，作雀脑状者，谓之雀脑芎，此最有力也。"《本草衍义》记载："今出川中。大块，其里色白，不油色，嚼之微辛甘者佳。"明代陈嘉谟《本草蒙筌》记载："生川蜀名雀脑芎者，圆实而重，状如雀脑，此上品也。"卢之颐撰《本草乘雅半偈》描述为："芎䓖，川中者胜。凡用其根，取川中大块，色白不油。"清代吴仪洛《本草从新》记录为："以川产大块，里白不油，辛甘者良。"《中华本草》："以个大饱满、质坚实、断面色黄白、油性大、香气浓者为佳。"

上述文献主要从产地、药材性状特征等方面进行了品质描述，四川产者为好，以"大块，重实，多脂润，雀脑状，里白不油，辛甘者"为佳。

4. 药性考证

（1）性味　川芎性味首载于《神农本草经》："味辛，温。"《吴普本草》："黄帝、岐伯、雷公：辛，无毒，香。扁鹊：酸，无毒。李氏：生温，熟寒。"《新修本草》："味苦、辛。"《本草正义》："味性，微甘，气温。"《中国药典》2005年版一部记载："辛，温。"

（2）归经　药物不仅与四性五味有关，而且与五脏六腑经络、升降沉浮补泻、阴阳五行、药物形色、质地轻重润燥等相联系。《汤液本草》："入手足厥阴经、少阳经。"《本草蒙筌》："乃手少阳本经之药，又入手足厥阴二经。"《本草求真》："专入肝，兼入心包、胆。"

5. 疗效考证

《神农本草经》："主中风入脑头痛，寒痹，筋挛缓急，金创，妇人血闭无子。"《日华子本草》："治一切风，一切气，一切劳损，一切血，补五劳，壮筋骨，调众脉，破症结宿血，养新血，长肉，鼻洪，吐血及溺血，痔瘘，脑痈发背，瘰疬瘿赘，疮疥，及排脓消瘀血。"《本草纲目》："燥湿，止泻痢，行气开郁。芎䓖，血中气药也，肝苦急以辛补之，故血虚者宜之；辛以散之，故气郁者宜之。"《药对》："芎䓖，得细辛疗金疮止痛，得牡蛎疗头风吐逆。"《本草图经》："古方单用芎，含咀以主口齿疾，近世或蜜和作指大丸，欲寝服之，治风痰殊佳。"《本草衍义》："芎䓖，今人所用最多，头面风不可阙也，然须以他药佐之。"《本草正义》："川芎，其性善散，又走肝经，气中之血药也。反藜芦，畏硝石、滑石、黄连者，以其沉寒而制其升散之性也。芍归俱属血药，而芎之散动尤甚于归，故能散风寒，治头痛，破瘀蓄，通血脉，解结气，逐疼痛，排脓消肿，逐血通经。同细辛煎服，治金疮作痛；以其气升，故兼理崩漏眩晕，以其甘少，故散则有余，补则不足，惟风寒之头痛，极宜用之。若三阳火壅于上而痛者，得升反甚，今人不明升降，而知川芎治头痛，谬亦甚矣。""芎䓖有纹如雀脑，质虽坚实，而性最疏通，味薄气雄，功用专在气分，上升头顶，旁达肌肤，一往直前，走而不守。"《本草汇言》："芎，上行头目，下调经水，中开郁结，血中气药。尝为当归所使，非第治血有功，而治气亦神验也。凡散寒湿、去风气、明目疾、解头风、除胁痛、养胎前、益产后，又癥瘕结聚、血闭不行、痛痒疮疡、痈疽寒热、脚弱痿痹、肿痛却步，并能治之。味辛性阳，气善走窜而无阴凝黏滞之态，虽入血分，又能去一切风、调一切气。同苏叶，可以散风寒于表分，同芪、术，可以温中气而通行肝脾，同归、芍，可以生血脉而贯通营阴，若产科、眼科、疮肿科，此为要药。"

6. 川芎的道地性考证

川芎原名芎䓖，始载于《神农本草经》，列为上品。《图经本草》载："今关陕、蜀川、江东山中多有之，而以蜀川者为胜。"并附有永康军芎䓖图，系伞形科植物。永康军在今四川省都江堰市境内。

自宋代起芎䓖药材质量均以蜀川为胜，其历史道地产区应是现在四川都江堰市（灌县）金马河上游以西地区。南宋范城大在《关船录》中就记载灌县（今都江堰市）栽培川芎的历史："癸酉（公元1153年）西登山五里，至上清官……上六十里，有坦夷白芙蓉坪，道人于此种川芎。"民国《灌县志·食货书》有"河西商务以川芎为巨。集中于石羊场一带，400万～500万斤，并有水陆传输，远达境外"的记载，说明当时灌县川芎产销两旺。另据《彭州志》记载："早在明代彭州就家种川芎。"由上述可知，都江堰为川芎的道地产区，而邻近的县历史上也有栽种。古今用药均以产于四川的川芎*Ligusticum chuanxiong* Hort.为正品。

二、药典标准

本品为伞形科植物川芎*Ligusticum chuanxiong* Hort.的干燥根茎。夏季当茎上的节盘显著突出，并略带紫色时采挖，除去泥沙，晒后烘干，再去须根。

【性状】 本品为不规则结节状拳形团块，直径2～7cm。表面灰褐色或褐色，粗糙皱缩，有多数平行隆起的轮节，顶端有凹陷的类圆形茎痕，下侧及轮节上有多数小瘤状根痕。质坚实，不易折断，断面黄白色或灰黄色，散有黄棕色的油室，形成层呈波状环纹。气浓香，味苦、辛。稍有麻舌感，微回甜。

【鉴别】 （1）本品横切面：木栓层为10余列细胞。皮层狭窄，散有根迹维管束，其形成层明显。韧皮部宽广，形成层环波状或不规则多角形。木质部导管多角形或类圆形，大多单列或排成"Ｖ"形，偶有木纤维束。髓部较大。薄壁组织中散有多数油室，类圆形、椭圆形或形状不规则，淡黄棕色，靠近形成层的油室小，向外渐大；薄壁细胞中富含淀粉粒，有的薄壁细胞中含草酸钙晶体，呈类圆形团块或类簇晶状。

粉末淡黄棕色或灰棕色。淀粉粒较多，单粒椭圆形、长圆形、类圆形、卵圆形或肾形，直径5～16μm，长约21μm，脐点点状、长缝状或人字状；偶见复粒，由2～4分粒组成。草酸钙晶体存在于薄壁细胞中，呈类圆形团块或类簇晶状，直径10～25μm。木栓细胞深黄棕色，表面观呈多角形，微波状弯曲。油室多已破碎，偶可见油室碎片，分泌细胞壁薄，含有较多的油滴。导管主为螺纹导管，亦有网纹及梯纹导管，直径14～50μm。

（2）取本品粉末1g，加石油醚（30～60℃）5ml，放置10小时，时时振摇，静置，取上清液1ml，挥干后，残渣加甲醇1ml使溶解，再加2%3,5-二硝基苯甲酸的甲醇溶液2～3滴与甲醇饱和的氢氧化钾溶液2滴，显红紫色。

（3）取本品粉末1g，加乙醚20ml，加热回流1小时，滤过，滤液挥干，残渣加乙酸乙酯2ml使溶解，作为供试品溶液。另取川芎对照药材1g，同法制成对照药材溶液。再取欧当归内酯A对照品，加乙酸乙酯制成每1ml含0.1g的溶液（置棕色量瓶中），作为对照溶液。照薄层色谱法（通则0520）试验，吸取上述三种溶液各10μl，分别点于同一硅胶GF$_{254}$薄层板上，以正己烷-乙酸乙酯（3:1）为展开剂，展开，取出，晾干，置紫外光灯（254nm）下检视。供试品色谱中，在与对照药材色谱和对照品色谱相应的位置上，显相同颜色的荧光斑点。

【检查】　水分　不得过12%（通则0832第四法）。

　　　　　总灰分　不得过6.0%（通则2302）。

　　　　　酸不溶性灰分　不得过2.0%（通则2302）。

【浸出物】　照醇溶性浸出物测定法（通则2201）项下的热浸法测定，用乙醇作溶剂，不得少于12.0%。

【含量测定】　照高效液相色谱法（通则0512）测定。

色谱条件与系统适用性试验　以十八烷基硅烷键合硅胶为填充剂；以甲醇-1%乙酸溶液（30:70）为流动相；检测波长为321nm。理论板数按阿魏酸峰计算应不低于4000。

对照品溶液的制备　取阿魏酸对照品适量，精密称定，置棕色量瓶中，加70%甲醇制成每1ml含20μg的溶液，即得。

供试品溶液的制备　取本品粉末（过四号筛）约0.5g，精密称定，置具塞锥形瓶中，精密加入70%甲醇50ml，密塞，称定重量，加热回流30分钟，放冷，再称定重量，用70%甲醇补足减失的重量，摇匀，静置，取上清液，滤过，取续滤液，即得。

测定法　分别精密吸取对照品溶液与供试品溶液各10μl，注入液相色谱仪，测定，即得。

本品按干燥品计算，含阿魏酸（$C_{10}H_{10}O_4$）不得少于0.10%。

饮片

【炮制】　除去杂质，分开大小，洗净，润透，切厚片，干燥。

本品为不规则厚片，外表皮灰褐色或褐色，有皱缩纹。切面黄白色或灰黄色，具有明显波状环纹或多角形纹理，散生黄棕色油点。质坚实。气浓香，味苦、辛，微甜。

【鉴别】【检查】（水分、总灰分）【浸出物】【含量测定】同药材。

【性味与归经】　辛，温。归肝、胆、心包经。

【功能与主治】　活血行气，祛风止痛。用于胸痹心痛，胸胁刺痛，跌扑肿痛，月经不调，经闭痛经，癥瘕腹痛，头痛，风湿痹痛。

【用法与用量】　3～10g。

【贮藏】　置阴凉干燥处，防蛀。

三、质量评价

（一）性状鉴别

川芎药材性状特点同药典标准（图5-1）。

川芎饮片多为纵切片，为不规则的片状，形如蝴蝶，习称"蝴蝶片"，直径1.5～7cm，厚2～3mm，表面黄白色或灰黄色，片面可见波状环纹或不规则多角形的纹理，散有黄棕色的小油点（油室），切面光滑，周边黄褐色或棕褐色，粗糙不整齐，有时可见须根痕、茎痕及环节。形成层波状弯曲，髓部色较淡。质坚韧。具特异香气，味苦、辛，稍有麻舌感，微回甜，质坚硬（图5-2）。

酒川芎色泽加深，偶见焦斑，质坚脆，略有酒气。

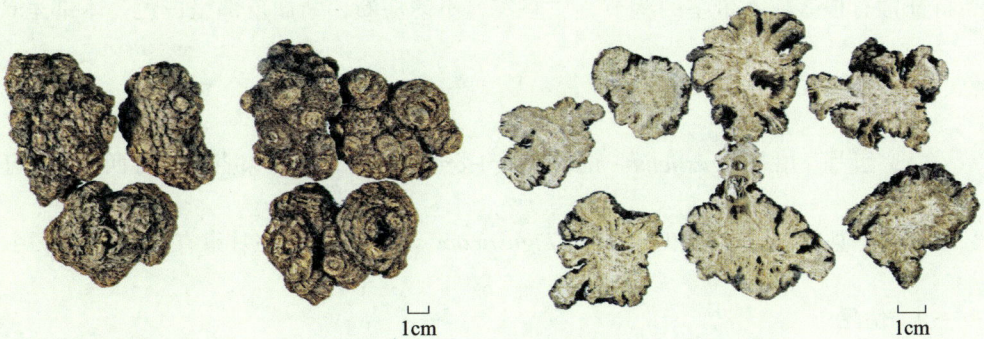

图5-1　川芎药材　　　　　　　　图5-2　川芎饮片

1. 地方习用品

（1）抚芎　栽培于江西、湖南、湖北等省，原植物为抚芎 *Ligusticum chuanxiong* Hort. cv. Fuxiong，系川芎的栽培变种。其植物和药材性状与川芎的主要区别是：抚芎的叶片呈阔卵状三角形，3（4）回羽状分裂，第1（2）回羽裂片基部的一对裂片轮廓呈阔卵形，基部下沿呈短柄或近无柄。根茎呈结节状团块，并具许多须根，表面灰黄褐色至黄棕色，有数个瘤状突起，顶部中央有突起的圆形茎痕不凹陷。抚芎按川芎同等入药，但习惯认为它的质量不如川芎好。

（2）东川芎　栽培于吉林省延边朝鲜自治州，原植物为东川芎 *Cnidium officinale* Makino，其根茎入药，系朝鲜民族药。自产自销，有时销至省外，目前产量很少。根茎性状与川芎相似，为不规则团块状，长3～10cm，直径2～5cm，暗褐色，表面有皱缩的结节状轮环，断面淡褐色。有特异香气，味微苦。

（3）金芎　产于云南大理、丽江、中甸，贵州省瓮安、毕节和独山，陕西陇县、太白，湖北利川等县，原植物为金芎（*Ligusticum chuanxiong* Hort. cv. jinxiong）。商品特征常有根茎或不带茎的茎节，质坚实，不易掰断，断面皮部呈白色，木部呈黄色，具多数淡黄色有点。气香，味苦、辛、麻。

（4）西芎　川芎 *Ligusticum chuanxiong* Hort. 引种栽培于甘肃省者，称西芎。产于甘肃省华亭县、康县、西和县；藁本 *Ligusticum sinense* Oliv.在甘肃省临夏作川芎用。

2. 伪品

（1）奶芎　通常在无性繁殖过程中，于大寒后立春前，采挖坝区未成熟的根茎，称"奶芎"或"抚芎"，运上中山育苓。也有些农户将奶芎在药材市场中作川芎或奶芎出售。

（2）山川芎　在中山育苓的川芎中，于小暑后至立秋前后，选无雨天割取地上部分茎秆扎成捆，运下山作苓种，挖起地下部分的根茎称"山川芎"。

（二）其他化学成分含量测定

1. 川芎嗪的含量测定

色谱条件：Waters symmetry C_{18} 柱（4.6mm×150mm，5μm）；流动相A为水，B相为甲醇，梯度洗脱；流速每分钟1ml；检查波长298nm。

标准曲线的制备：精密称取盐酸川芎嗪对照品2.5mg，溶剂为（28%甲醇+1%乙酸+71%水），定容到10ml容量瓶，即为川芎嗪储备液。从川芎嗪储备液里分别取1.00、0.50、0.40、0.20、0.1、0.05、0.01ml置1～7号10ml棕色容量瓶中，用上述溶剂定容。取7号瓶溶液分别稀释为原来浓度1/5、2/5，为L1、L2标准品浓度。分别进样20μl，以峰面积（Y）为纵坐标，对应浓度（X）为横坐标。测定川芎嗪含量。

2. 藁本内酯含量测定

色谱条件：Kromasil C_{18} 柱（4.6mm×250mm，5μm）；流动相：甲醇-水（70：30）；检测波长240nm；流速每分钟0.9ml。在此条件下川芎药材藁本内酯与其他组分均能达到基线分离。

供试品溶液制备：取样品粉末0.5g，精密称定，置具塞三角瓶中，精密加入甲醇25ml，称重，超声提取10分钟，放冷至室温，补充失去的重量，滤过，精密量取滤液2ml，加甲醇稀释至5ml，过微孔滤膜（0.45μm）作为供试品溶液。

样品含量测定：照上述测定藁本内酯的方法制备供试品溶液，精密吸取藁本内酯对照品溶液10μl及其供试品20μl，注入液相色谱仪进行测定。

（三）商品规格等级

1. 川芎商品规格等级标准

1960年版《四川中药志》将川芎分为一、二、三等及等外级、原装货五个等级；又按品质的好坏及产地土质的不同，分为坝川芎、抚川芎、川芎苓子（即旁边附着的小根茎）及山川芎四个品种。一等又称贡芎，每千克为36～41个；二等又称芎王，每千克为56～68个；三等又称为统芎，每千克在100个以内；等外级为小于上列三等但不包括川芎苓子及川芎灰屑在内者；原装货为大小个子不分的川芎。无论大小均以身干，无虫蛀，无炕枯及无霉坏、油变者为合格。

张贵君《现代中药材商品通鉴》记载川芎规格等级为："历史规格分档分无极芎、芎王、刁芎、等外芎、小川芎。现行规格标志：①坝川芎一等：干货。呈结节状，质坚实。表面黄褐色，断面灰白色或黄白色。有特异香气，味苦辛麻舌。无空心、焦枯、杂质、虫蛀、霉变。每千克44个以内，单个的重量不低于20g。二等：每千克70个以内。余同一等。三等：每千克70个以外，个大空心的也属此等。无苓珠、茎盘。余同一等。②山川芎统货：干货。呈结节状，体枯瘦欠坚实。表面褐色，断面灰白色。有特异香气，味苦辛麻舌。大小不分。无苓珠、茎盘、焦枯、杂质、虫蛀、霉变。"

冯耀南等《中药材商品规格质量鉴别》记载川芎规格等级为："过去川芎规格分有无极芎、贡芎、刁芎及小川芎等。新中国成立后改为一、二、三等、等外、小川芎五个等级。《七十六种药材商品规格标准》川芎分1～3等级，一等：呈绳结状，质坚实。表面黄褐色，断面灰白色或黄白色。有特异香气，味苦辛麻舌。每千克44个以内，单个的重量不低于20g。无山川芎、空心、焦枯、霉蛀。二等：每千克70个以内（单个重量无要求），余同一等。三等：每千克70个以外，个大而空心的亦属此等，余同二等。川芎的出口规格：拳形，绳结状团块，体质坚实，外皮黄褐色，肉灰白或黄白色，有特异香气。一等个头大致均匀，不能以大带小，无霉蛀，炕焦，无苗茎，不能有山川芎掺入，每千克36～44个。二等每千克50～64个，余同一等。近期新增精选特等。每千克22个。山川芎统装。不分等级。《七十六种药材商品规格标准》山川芎标准如下：统货。绳结状，体枯瘦欠坚实。表面褐色，断面灰白色。有特异香气，味苦辛麻舌。大小不分。无苓珠、苓盘、焦枯、霉蛀。"

徐国均等《中国药材学》记载川芎商品规格为："商品分家川芎、山川芎。家川芎以个头大小分等。一等：每千克不超过44个，单个的重量不低于20g。二等：每千克不超过70个。三等：每千克70个以上。山川芎体枯瘦欠坚实，大小不分。出口商品按家川芎规格。"

《中华本草》记载川芎规格等级为："①家川芎一等：每千克44个以内，单个的重量不低于20g。无山川芎、空心、焦枯。二等：每千克70个以内，余同一等。三等：每千克70个以外，个大空心。无山川芎、苓珠、苓盘、焦枯。②山川芎体枯瘦欠坚实，大小不分。无苓珠、苓盘、焦枯。③出口商品按家川芎规格。"

《金世元中药材传统经验鉴别》记载川芎规格等级为："每千克44支以内无山川芎、虫蛀者为一等。每千克70支以内无空心、无山川芎、虫蛀者为二等。每千克70

支以上，无山川芎、苓珠、苓盘者为三等。新中国成立前，也按支头大小、质地、颜色、气味分级，如一级名"贡芎"，二级为"刁芎"，三级为"统芎"等，均以竹篓或麻袋包装。"

2. 规格等级相关研究进展

近些年有不少学者对不同商品规格等级的川芎开展了相关化学评价研究。例如：陈林以川产道地药材川芎为研究对象，从感官品质、理化品质、化学成分分析、生物评价等多角度对其商品药材规格划分的科学内涵进行了系统研究，并在此基础上对其商品规格评价指标体系进行重建和提高，结果分析：以药材重量划分等级的川芎商品规格标准与川芎内在质量无显著相关性，但川芎药材有其商品属性，在商品规格标准中应考虑其外观性状、内在有效成分含量和生物活性等诸因素，综合评价川芎药材质量。参考《七十六种药材商品规格标准》中现有川芎标准，在商品规格项下增设统货规格。施学娇等采用高效液相法测定不同规格川芎的阿魏酸、藁本内酯含量，结果表明不同规格等级川芎间的含量差异不显著，川芎的化学成分与商品规格无明显的相关性。

综上分析，川芎的传统分级方式主要为按照重量的大小进行分等。众多学者研究表明，川芎药材中有效成分的含量与传统分级标准并没有显著相关性。传统川芎药材的分级标准不能充分反映川芎药材质量的优劣。传统的"个大为优，个小为劣"的分级标准是从商品学角度考虑的，将川芎药材作为一种商品来看待，以外观性状来评判川芎药材的好坏，存在一定的片面性。随着科学技术的不断进步，应当将川芎药材中成分的含量以及药效等多指标综合来评价其质量优劣。

四、药材质量研究现状

刘圆等采用GC-MS方法对都江堰川芎、彭州川芎、都江堰奶芎、汶川县三江乡山川芎根茎挥发油进行了定性、定量分析，共鉴定了45个化合物。四个样品的根茎挥发油的化学成分基本一致，但在检出限制相同情况下，各个样品的化学成分被测出数和量上有差异。挥发油总含量：都江堰奶芎0.25%、汶川山川芎0.65%、彭州川芎0.60%、都江堰川芎0.70%，挥发油含量川芎及山川芎远大于奶芎。建议奶芎不做药用，山川芎可作为川芎或作兽药使用。

谢明全等采用高效液相色谱法与紫外分光光度法测定西芎与川芎阿魏酸、总生物碱的含量。结果表明，川芎中阿魏酸含量普遍低于西芎，西芎总生物碱含量也略高于川芎。

汪程远等采用HPLC的外标法，测定了川芎道地产区——四川灌县各地产的不同采收时间的多批川芎药材以及不同川芎品种（山川芎、奶芎、日本川芎）中藁本内酯的量，结果表明：山川芎和川芎中藁本内酯量相似，奶芎中量则低一些，说明山川芎在某种程度上可代替川芎使用，而奶芎则不可，这与山川芎与奶芎的民间使用是相符合。日本川芎中藁本内酯量明显低很多。

从药效学的角度对不同品种川芎药材的质量进行评价，药理活性结果表明：川芎、抚芎、东川芎均有镇痛作用，其水提液的镇痛强度由强到弱依次为川芎、抚芎、东川芎；醇提取液的抑制强度由强到弱的顺序为川芎、东川芎、抚芎；对总动脉的血流量的影响由强至弱依次为川芎、东川芎、抚芎。不同品种的川芎药材主要化学成分、药理活性均表现明显的差异，川芎中挥发油、生物碱等主要活性物质的含量及药效学结果均高于其他品种，药材品种、产地的气候和土壤特性等因素对药材质量影响很大。

第6章

川芎现代研究与应用

一、化学成分

（一）化学成分研究

川芎的化学成分含有挥发油、生物碱、酚性物质、有机酸、苯酞内酯等其他成分。

1. 挥发油

川芎中挥发油的含量约为1%。一般采用超临界CO_2萃取、水蒸气蒸馏等方法提取挥发油，再经柱层析分离、GC-MS、LC-MS等方法检测。已从川芎挥发油中鉴定出了60余种成分。苯酞类化合物是挥发油中的主要成分。

（1）苯酞类　川芎中的苯酞类化合物存在于挥发油中，主要有Z-藁本内酯（Z-ligustilide）、丁基酞内酯（butylphthalide）、丁烯基酞内酯（butylidenephthalide）、4-羟基-3-丁基呋内酯（senkyunolide）、川芎内酯A（senkyunolide A）、川芎内酯Ⅰ（senkyrunolideⅠ）、川芎内酯F（senkyunolide F）、新蛇床内酯（neocnidilide）等。近年来，报道的二聚体类化合物较多，主要有3′, 6, 8′, 3a-二聚藁本内酯（3′, 6, 8′, 3a-diligustilide）、Z, Z-6, 6′, 7, 3′a-二聚藁本内酯（Z, Z-6, 6′, 7, 3′a- diligustilide）、Z-6, 8′, 7, 3′-二聚藁本内酯（Z-6, 8′, 7, 3′-diligustilide）等。

（2）萜烯类　川芎中的萜烯类成分存在于挥发油中，主要有6-丁基-1,4-环庚二烯（6-butyl-1,4-cycloheptadiene）、桉叶二烯（eudesma-4,11-dlene）、3-蒈烯（3-carene）、松油烯（terpinene）、3,7,7-三甲基-11-甲烯基螺［5,5］十一碳-2-烯

（3,7,7–trimethyl–11–methylene –spiro [5,5] undec–2–ene）、柠檬烯（limonene）、荜澄茄油烯（cubebene）、5,5–二甲基–二环［6,3,0］十一碳–1,7–二烯–3–酮（5,5–dimethyl–bicyclo［6,3,0］undeca–1, 7–dien–3–one）、川芎三萜（xiongterpene）等成分。

（3）有机酸及其酯类　川芎中的有机酸、脂肪酸及其酯存在于挥发油和水溶性部位，主要有：阿魏酸（ferulic acid）、咖啡酸（caffeic acid）、芥子酸（sinapic acid）、琥珀酸（succinic acid）、软脂酸（palmitic acid）、软脂酸甲酯（palmitic acid methylster）、软脂酸乙酯（palmitic acid ethyl ester）、十七烷酸（heptadecanoic acid）、油酸（oleicacid）、十八碳二烯酸（9, 12–octadecadienoic acid）、十八碳二烯酸甲酯（9, 12–octadecadienoic acid methyl ester）、十八碳二烯酸乙酯（9, 12–octadecadienoic acid ethyl ester）、单棕榈酸甘油酯等。王普善等从川芎中分离得到4–羟基–3–甲氧基–苯乙烯、1–羟基–1–（3–甲氧基–4–羟苯基）–乙醇、4–羟基苯甲酸、香荚兰酸、咖啡酸、原儿茶酸、亚油酸类及有机酸类成分，藁本内酯、新川芎内酯、洋川芎内酯、3–丁基苯酞、3–亚丁基苯酞等苯酞内酯类；一种萜类化合物匙叶桉油烯醇（spathulenol），另外还得到β-谷甾醇、蔗糖和一种脂肪酸甘油酯，气相色谱证明为两个亚油酸和一个棕榈酸的甘油酯。另外文献采用GC–MS–DS方法分析，鉴定出40个化合物，占挥发油总组成的93.64%，主要成分为藁本内酯（58.00%），3–丁基苯酞（5.29%），香松烯（6.08%），还含有α–宁烯、α–蒎烯、莰烯、月桂烯、α–水芹烯、D–3–蒈烯、α–萜品烯、β–罗勒烯、α–萜品烯、α–萜品油烯、对–聚伞花素、σ–辛醇、芳樟醇、月桂烯醇等成分。日本学者Natio Takashi等先后从川芎中分离得到洋

川芎内酯B，C，D，E，F，G，H，I，J，M，N，O，P，Q，R，S苯酞内酯类，并从川芎中分离得到洋川芎醌senkyunone。肖永庆等分离得到Z, Z'−6, 6' 7, 3'α−二聚藁本内酯、Z−6, 8, 7, 3'−二聚藁本内酯、Z'−3, 8−二氢−6, 6', 7, 3'α−二聚藁本内酯，并分离得到一个新的三萜酯类化合物川芎三萜（xiongterpene）。

2. 生物碱

川芎中的生物碱成分主要有川芎嗪（tetramethylrazine）、黑麦草碱（perlolyrine）、三甲胺、腺嘌呤、腺苷、胆碱、尿嘧啶等。这些生物碱均为小分子化合物，且含量低。现代研究报道最多的是川芎嗪，包括提取、分离、合成和含量测定等。但是，川芎嗪在川芎中的存在与否及其含量高低一直存在争议。一部分学者认为川芎嗪是川芎药材质量评价的指标性成分，建立了测定川芎药材饮片中川芎嗪含量的方法。但文献报道的川芎药材中川芎嗪的含量（$0.12 \sim 6240 \mu g/g$）差异很大，相差几万倍。另一部分学者认为川芎中没有川芎嗪，即使有，其含量小于$1 \mu g/g$，对评价川芎药材的质量没有意义。因此，对川芎中的总生物碱及川芎嗪有待进一步研究，以阐明川芎中川芎嗪的存在及其含量。某研究所的研究人员从川芎中分离得到川芎嗪、黑麦草、L−异亮氨酸−L−缬氨酸酸酐；曹凤银等从川芎中分得1−β−丙烯酸乙酯−7−醛基−β−咔啉、1−乙酰基−β−咔啉、L−缬氨酰−L−缬氨酸酸酐、三甲胺、胆碱、尿嘧啶；王义雄等从川芎中分离得到腺嘌呤和腺苷生物碱。

3. 多糖

川芎中多糖的含量约5.71%。孙晓春等采用水提醇沉法提取川芎多糖，DEAE−纤

维素柱层析法纯化，得到LCXP-1，LCXP-2，LCXP-3三部分多糖。其中，LCXP-1

和LCXP-2均由甘露糖、葡萄糖、半乳糖、阿拉伯糖组成，而LCXP-3则由甘露糖、

葡萄糖、半乳糖、阿拉伯糖、鼠李糖、半乳糖醛酸组成，为药量学研究和中成药加

工奠定基础。

（二）化学成分的理化性质及稳定性

藁本内酯的化学结构为不饱和的苯酞结构，3-位上有活泼的丁烯基，均为化学

不稳定性因素，容易发生脱氢、氧化、水解、降解等多种异构化反应，因而稳定性

较差，极易异构化为其他结构相近的苯酞类化合物。李慧等将藁本内酯分别于4℃、

20℃放置，以气相色谱法进行稳定性考察，结果表明，藁本内酯在室温下极不稳定，

保存15天纯度由99.48%降至41.97%。

阿魏酸化学名称为4-羟基-3-甲氧基苯丙烯酸，是自然界普遍存在的一种酚酸，

是桂皮酸的衍生物之一。有顺式和反式两种，顺式为黄色油状物，反式为白色至微

黄色结晶物，一般系指反式体。微溶于冷水，可溶于热水、乙醇及乙酸乙酯，易溶

于乙醚，微溶于苯和石油醚。见光易分解，有强的抗氧化性，在不同pH条件下均比

较稳定，有较强的还原性。陈倩洁等利用薄层扫描的方法对不同煎煮时间川芎样品

中阿魏酸的含量进行了测定。结果表明：煎煮1小时样品中阿魏酸提取量偏低，而川

芎样品在煎煮2、4、6小时后，其阿魏酸含量未见明显差异，这表明阿魏酸在2小时

内即可提取完全，且在6小时内的煎煮不会造成阿魏酸的破坏。

川芎嗪的化学名称为2，3，5，6-四甲基吡嗪，为无色针状结晶，熔点为80～82℃，

沸点190℃，川芎嗪具有特殊的异臭，属于吡嗪类生物碱，有吸湿性，易升华，易溶于热水、石油醚，溶于三氯甲烷、稀盐酸，微溶于乙醚，不溶于冷水。

二、药理作用

1. 镇静作用

川芎挥发油对动物大脑的活动有抑制作用，而对延脑的血管运动中枢、呼吸中枢及脊髓反射有兴奋作用，剂量加大，则都转为抑制。川芎水煎剂灌胃，能抑制大鼠的自发活动；还能延长戊巴比妥钠引起的小鼠睡眠时间，并能拮抗咖啡因的兴奋，但不能防止五甲烯四氮唑、可卡因的惊厥或致死作用，也不能对抗戊四氮所致的大鼠惊厥。

2. 镇痛作用

川芎嗪给小鼠灌胃300mg/kg，有明显镇痛作用。

3. 对心脑血管系统的作用

（1）对心脏的作用　川芎煎剂对离体或在体蛙心及离体蟾蜍心脏，低浓度低剂量时皆呈现兴奋作用，心脏收缩力增强，心率变慢；高浓度高剂量呈现抑制作用，心脏收缩力减弱，甚至完全舒张或停止。川芎嗪对离体豚鼠灌流心脏产生剂量依赖性抑制作用；川芎嗪每分钟1、2、4 mg/kg静脉滴注麻醉犬连续10分钟，动物出现心率加快，心肌收缩力加强，且具量效关系；但亦有实验表明川芎嗪5～20mg/kg对麻醉猫心功能无显著作用。川芎制剂5g/kg

灌胃或川芎嗪20mg/kg对家兔和犬心肌缺血再灌注所致心肌损伤和心肌缺血有保护作用。川芎嗪注射液2ml/kg对失血性休克再灌注损伤家兔有防治作用，可增加机体内源性超氧化物歧化酶（SOD）活性，降低丙二醛（MDA）水平。左保华等亦证实川芎嗪可有效预防再灌注大鼠的心律失常。川芎嗪50mg/kg大鼠尾静脉注射对缺血再灌注心肌超微结构损伤有保护作用。

（2）对脑血管的作用　川芎水提液及其生物碱能扩张冠状动脉，增加冠脉血流量，改善心肌缺氧状况。川芎嗪每分种2～4mg/kg静滴麻醉犬时，冠脉流量明显增加，川芎嗪15、30mg/kg均能显著增加小鼠冠脉血流量。川芎、川芎总生物碱和川芎嗪能使麻醉犬血管阻力下降，使脑、股动脉及下肢血流量增加；川芎能升高实验性动脉粥样硬化兔颈动脉平均血流量和平均血流速度，并能下降脑血管外周阻力，灌胃川芎嗪脂质体10ml（100mg/kg卵磷脂、2mg/kg川芎嗪）12周，能明显降低高脂饲料所致兔动脉粥样化的TC、TG水平及SOD、MDA水平，改变动脉病理组织形态。川芎嗪4mg/kg静脉注射可扩张犬脑血管，降低血管阻力，显著增加脑血流量。川芎嗪能抑制沙土鼠脑缺血再灌注损伤模型氧自由基对脑组织的损伤；川芎嗪0.17mg/ml可抑制去甲肾腺素、氯化钾和氯化钙诱发的胸主动脉的收缩效应。川芎嗪40mg/kg灌胃大鼠动脉损伤模型，能抑制动脉去内皮后的内膜增生，预防动脉再狭窄。川芎挥发油静脉注射改善10%高分子右旋糖酐所致家兔球结膜微循环障碍，质量浓度为10%的川芎注射液10ml/kg静脉注射或质量浓度为20%的川芎注射液1ml/kg肌内注射能改善静脉注射高分子右旋糖酐所致的家兔急、慢球结膜和软脑膜微循环障碍。川芎嗪40mg/kg静脉注射可增加家兔系膜微循环血流量和微血管开放数目。川芎体积浓度为70%的甲醇提取物及其溶于三氯甲烷的成分对去甲肾上腺素引起的小鼠离体肠系膜血管的收缩有拮抗作用。川芎和川芎嗪能接除去甲肾上腺素引起的金黄地鼠颊囊微动、静脉及毛细血管的痉挛，使减慢的血流速度加快，减少的血流量增多。川芎嗪能显著增加缺血大鼠血浆中NO含量，降低MMS总量和组织中MDA的含量，降低血比黏度，对大鼠缺血性再灌注损伤具有保护作用。岑得意等用大鼠脑梗死模型观察川芎嗪对大鼠脑梗死的作用，结果显示川芎嗪静脉注射可显著改善大鼠异常神经症状和抑制ALP活性的下降，显著抑制ADP致血小板的聚集。

（3）对血压的作用　川芎浸膏、水浸液、乙醇水浸液、乙醇浸出液和生物碱对犬、猫、兔等动物均有显著而持久的降压作用；川芎嗪以不同的给药途径（静脉注射、静脉滴注或十二指肠给药）对多种动物（猫、兔、大鼠）给予不同的剂量均可产生不同程度的降压作用，川芎嗪的降压作用可能主要是由于直接扩张血管所引起的。川芎嗪能降低犬急性缺氧肺动脉高压及肺血管阻力，盐酸川芎嗪80mg/kg，腹腔注射能降低缺氧肺动脉高压大鼠血浆内皮素水平，升高降钙素基因相关肽水平，显著降低大鼠离体肺动脉环对去甲肾上腺素的反应性，川芎嗪能对抗内皮素的血管收缩作用，抑制血管平滑肌细胞增殖，降低细胞内钙调素含量。

（4）对冠脉循环的作用　川芎水提物及生物碱能扩张冠脉，增加冠脉流量，改善心肌缺氧状况。给麻醉犬静脉注射川芎嗪后，冠脉及脑血流量增多，冠脉、脑血管、外周阻力降低。川芎嗪也能显著增加清醒小鼠的冠脉流量。

（5）对机体其他血循环的作用　蔡英年等对雪貂活体左下肺叶进行灌流实验，结果表明：肺动脉灌注或静脉注射川芎嗪，对肺动脉的舒张作用均明显大于体动脉。朱上林发现川芎嗪可以明显减少肝缺血再灌注损伤大鼠的血清转氨酶、LDH减轻肝细胞的病理性损伤；明显降低肝组织LPO、TXB_2的升高；维持缺血及再灌注期SOD活性。

（6）对外周血管的作用　川芎总生物碱、川芎嗪能降低麻醉犬的外周血管阻力。川芎生物碱、酚性部分和川芎嗪能抑制氯化钾和肾上腺素对家兔离体胸主动脉条的收缩作用。

4. 对呼吸系统的作用

王良兴发现川芎嗪具有扩张静息支气管及抑制组胺、乙酰胆碱收缩支气管的作用。静脉注射肾上腺素造成大鼠剧烈的致死性肺水肿，用川芎嗪预防后，其存活率、生存时间及肺指数均明显改善。川芎嗪$10^{-7}\sim10^{-2}$ mol/L对离体豚鼠气管螺旋条具有舒张作用，与浓度呈剂量依赖性，未去皮组舒张度显著大于去皮组，浴槽内NO_2^-/NO_3^-含量增加，气管螺旋条组织cAMP、cGMP含量增加，对白三烯、组胺、前列腺素$F_{2\alpha}$等所致豚鼠离体气管条收缩作用均有一定的抑制作用，对豚鼠弹性蛋白酶肺气肿模型有防治作用。川芎嗪注射液50mg/kg腹腔注射1次/天，共14天，对博莱霉素A_3所致大鼠肺纤维化具有抑制α_1（Ⅰ）PCm RNA 基因表达的作用。川芎嗪120mg/kg静脉注射，能预防和保护肾上腺素所致大鼠实验性肺水肿，显著提高存活率，改善病理变化。

5. 对泌尿系统的作用

川芎嗪能够显著增加肾血流量，减轻兔肾热缺血模型的肾组织损伤，还能提高膜性肾炎家兔肾组的SOD活性，减轻肾组织细胞的脂质过氧化损伤，降低缺血再灌注损伤肾脏细胞的凋亡指数。川芎嗪对家兔、大鼠实验性肾炎均有一定的防治作用。川芎嗪可明显增加兔肾血流量，有显著利尿作用。对由环孢素A所致的急性肾中毒、庆大霉素肾毒性也有良好的保护作用。川芎可预防甘油所致的家兔急性肾衰，能增加肾血流，增强肾髓质内前列腺素的合成，纠正PGI_2/TXA_2平衡失调和保护肾小管。川芎嗪注射液0.8ml/kg治疗给药，对大鼠肾缺血有保护作用。

6. 对血液系统的影响

川芎嗪能延长体外ADP诱导的血小板聚集时间，对已聚集的血小板有解聚作用，还有提高红细胞和血小板表面电荷，降低血黏度，改善血液流变的作用。阿魏酸能抑制血小板TXA_2的释放，对其活性有直接的拮抗作用，还能升高血小板内cAMP含量，抑制血小板聚集。川芎有提高红细胞和血小板表面电荷、降低血液黏度、改变血液流变的作用。川芎注射液10mg/kg 静脉注射，能显著减少烫伤家兔静脉壁白细胞黏附、延缓并减轻微循环内红细胞聚集，降低血小板黏附率及聚集反应，阻止全血黏度升高，对烫伤后血液流变性异常有明显的改善作用；川芎嗪20mg/kg静脉注射可抑制体外血栓的形成，延长血栓形成时间，缩短血栓长度，减低血栓湿重；川芎嗪对大鼠人工动静脉分路中形成的血栓亦有抑制作用，而对兔耳缘静脉中由凝血酶引起的血栓则无抑制作用。川芎水煎剂灌胃大鼠，能够降低全血黏度，降低RBC聚集性，增强RBC变形能力，明显减低离体血栓长度、湿重、干重。

7. 对生殖系统的影响

川芎水提液可明显提高大鼠离体子宫的收缩幅度，对收缩频率无明显影响，川芎醇提液则可使大鼠离体子宫收缩幅度增加，频率减少。川芎生物碱、阿魏酸及川芎内酯对子宫平滑肌痉挛具有解痉作用，其中藁本内酯是主要的解痉成分。家兔离体妊娠子宫实验证明，川芎浸膏能增强子宫收缩，形成痉挛；大剂量反而使子宫麻痹，收缩停止。川芎煎剂15g/kg或25g/kg经十二指肠给药，对兔在体子宫也呈明显收缩作用。

8. 对消化系统的影响

（1）对消化系统溃疡作用　川芎13g/kg及其与党参配伍26g/kg灌胃给药，对大鼠血浆中血栓素A_2（TXA_2）、前列环素（PGI_2）含量均有一定的作用；党参、蒲公英、川芎三药配伍复方40g/kg和川芎加党参配伍26g/kg灌胃给药，可提高大鼠血浆中前列环素的代谢产物$PGF_{1\alpha}$的含量，从而提示是其抗溃疡作用机制之一，但对血浆血栓素A_2的代谢产物TXB_2含量无影响，单用党参或川芎对二者无影响。

（2）对肝纤维化作用　川芎嗪20mg/kg腹腔注射，每日1次，每周6次，连续

6周，能显著降低CCl$_4$损伤大鼠血清谷丙转氨酶、丙二醛、透明质酸酶、Ⅲ型胶原及肝组织中丙二醛水平，提高肝组织中超氧化物歧化酶活性，减轻肝组织胶原纤维增生程度。川芎嗪具有保护肝细胞、抗脂质过氧化及抗肝纤维化作用。

（3）对胰腺炎作用　川芎嗪维持TXA$_2$/PGI$_2$在正常水平，降低血清过氧化脂质含量，抑制弹性蛋白酶，提高动物存活率。对由胰管加压注入犬自身胆汁制成的犬急性出血坏死性胰腺模型，川芎嗪可降低血液黏度、血淀粉酶及胰腺坏死范围，阻止病变的发展。川芎嗪还可通过降低血栓素B$_2$和6-酮-前列腺素F$_{1\alpha}$的比值，有效地防止或减轻环孢素引起的大鼠胰岛 β 细胞毒性。

9. 其他作用

川芎嗪对正常小鼠和荷瘤小鼠脾淋巴细胞增殖反应有明显的抑制作用。川芎还具有保护雏鸡避免因缺乏维生素E而引起的营养性脑病。川芎对环孢素的肝肾毒性引起的胰岛B细胞的毒性均有防护作用。川芎体外对大肠、痢疾、变形、绿脓、伤寒、副伤寒杆菌、霍乱弧菌和某些致病性皮肤真菌等有抑制作用；川芎嗪12.5mg/kg腹腔注射流行性出血热大鼠，能提高血清特异性EHFV抗体水平，减少脑、肺、肾组织中的病毒抗原含量，降低血尿素氮、肌酐水平。川芎嗪对角叉菜胶引起大鼠足肿胀、乙酸引起的小鼠腹腔染料渗出和棉球引起的肉芽肿具有明显抑制作用。川芎醇提取物经直流电导入可明显调节毛细血管活性，减少组织渗出，促进纤维组织增生、修复。川芎嗪20mg/kg能显著抑制B$_{16}$-F$_{10}$黑色素瘤的肺转移，川芎嗪能增强正常及荷瘤小鼠脾脏NK细胞活性，拮抗环磷酰胺对NK活性的抑制；川芎嗪10μg/ml能使K$_{562}$/ADM对阿奇霉素和长春新碱的IC$_{50}$降低，使细胞内阿霉素和柔红霉素的浓度升高，具有逆转白血病细胞株K$_{562}$/ADM多药耐药性的作用。川芎嗪能改变癌症患者的血液高凝状态，抑制癌细胞转移，提高肿瘤对放射的敏感性，减轻放射损伤，川芎煎剂对动物放射病亦具有一定的保护作用。川芎口服可促进骨折大鼠及家兔的骨折愈合和血肿的吸收。

三、临床应用

川芎为伞形科植物川芎的根茎，原名芎䓖，入药历史悠久，始载于《神农本草经》，列为上品，应用非常广泛。川芎性味辛温，主归肝、胆、心包经，具有活血祛瘀、行气、祛风之效，性善走窜，周而复始。故有"上行头目，下行血海"，为血中气药。川芎性善散，走而不守，"温窜相并，其力上升，下降，内透，外达，无所不至"。

1. 活血化瘀，用于瘀血诸证

川芎辛散温通，既能活血，又能行气，常用于血瘀气滞所致月经不调，痛经，经闭，产后腹痛以及癥瘕肿块。现代研究表明川芎的有效成分川芎嗪和阿魏酸等具有清除氧自由基、钙拮抗、扩血管、抗血小板聚集和阻止血栓形成等多种药理作用。龚彦胜等对近二十年与川芎有关的文献进行整理、分析、归纳，得出川芎中与治疗冠心病心绞痛相关的主要成分有藁本内酯、川芎嗪和阿魏酸。川芎嗪具有保护血管内皮、抗动脉粥样硬化、抗心肌缺血再灌注损伤、抗心肌肥厚和心肌纤维化、抗脑缺血再灌注损伤、发挥神经保护作用及抗血小板、钙拮抗、抗炎抗氧化应激等多种心脑血管药理作用。主要用于以下方面。

（1）妇科诸证　川芎"养胎前，益产后""下调经水"（《本草汇言》），为妇科活血调经要药。广泛用于月经不调、经闭通经、产后腹痛等症。若月经不调者，配伍当归、桃仁、红花等，如桃仁四物汤；若血瘀经闭通经者，配伍赤芍、桃仁等，如《医林改错》血府逐瘀汤；若产后血晕者，配伍荆芥、当归；若产后瘀阻腹痛，配伍当归、桃仁、炮姜，如《傅青主女科》生化汤。《医心方》："治久崩中昼夜不止：芎藭八分，生地黄汁一升。凡以酒五升，煮取二升去滓，下地黄汁煎一沸，分三服，相去八九里；不耐酒者，随多少数服即止。"《经效产宝》："治妊娠六七个月，忽胎动下血，腹痛不可忍：芎藭八分，桑寄生四分，当归十二分，以水一升半，煎取八合，下清酒半升，同煎取九合，分作三服，如人行五六里，再温服。"《圣济总录》："治子死腹中不下：芎藭、当归各一两（生切），瞿麦（去根）三分。上三味捣为粗末。每服三钱匕，水一盏，醋少许，同煎七分，去滓，连三二服必下。"《济阴纲目》加桂芎归汤："治胎衣不下，因产母元气虚薄者：川芎、当归各二钱，官桂四钱。上二服，水煎服。"《宋氏女科秘书》川芎汤："治产后去血过多，血晕不省：川芎五钱，当归五钱，荆芥穗五钱（炒黑）。上作一服，水煎，入酒，童便服之。"《太平惠民和剂局方》芎藭汤："治产后去血过多，晕闷不省及伤胎、崩中、金疮、拔牙齿去血多不止，悬虚，心烦眩晕，头重目暗，耳聋满塞，举头欲到：当归（去芦，洗，焙）、芎藭各等分。上为粗散。每服三钱，水一盏半，煎至一盏，去滓，稍热服，不拘时。"《医灯续焰》加味芎归汤："治产后血气虚，感风寒、头痛寒热：当归、川芎各二钱，紫苏、干葛各一钱。上锉，加生姜三片，水煎服。"

（2）癥瘕积聚、中风半身不遂 川芎能活血祛瘀、行气开郁、温通血脉，可用于癥瘕积聚、中风半身不遂之证。若胸痛、胁下痞块者，配伍赤芍、红花等，如《医林改错》血府逐瘀汤；若中风半身不遂者，配伍黄芪、当归、地龙等，如《医林改错》补阳还五汤。

2. 行气开郁，用于气滞血瘀证

川芎味辛气雄，能行气血，开郁结，止胁通，为"血中气药"，常用于气滞血瘀所致胸痹心痛、胁肋胀痛等证。若胸痹心痛，单用研末，酒服即效；若胁肋胀痛，配伍柴胡、白芍等，如《景岳全书》柴胡疏肝散；若气、血、痰、火、湿、食多种因素郁结所致的胸膈痞闷、脘腹胀满、吞酸呕吐等病症，与香附、苍术、神曲、栀子等配伍，共奏行气消食，清热燥湿，以开郁结之效，如《丹溪心法》越鞠丸。《辩证录》散偏汤："治郁气不宣，又加风邪袭于少阳经，遂致半边头风，或痛在右，或痛在左，其痛时轻时重，遇顺境则痛轻，遇逆境则痛重，遇拂郁之事而更加风寒天气，则大痛而不能出户，川芎一两，白芍三钱，郁李仁一钱，柴胡一钱，白芥子三钱，香附二钱，甘草一钱，白芷五分，水煎服。"

3. 祛风止痛，用于头痛、痹痛等

川芎辛温升散、性善疏通，上行头目，旁达肌腠，能祛风、散寒、止痛，常用于各种头痛、风寒湿痹。按治疗头痛方剂的主治特点，进行归纳。按六经划分，以

川芎为主，组成的方剂，包括一字散（《医方类聚》）：天南星、全蝎、川芎、白芷、荆芥穗，治疗太阳头痛；石膏散（《卫生宝鉴》）：川芎、石膏、白芷，治疗阳明风热头痛；千秋散（《普济方》）：川芎、天南星、草乌头，治疗少阴病，头痛不可忍。

川芎用于厥头痛的组方，轻金散（《鸡峰普济方》）：甘菊花、川芎、白芷、旋覆花、川乌、藿香、天南星，治疗太阳厥逆。加味二陈汤（《罗氏会约医镜》）：陈皮、半夏、茯苓、甘草、川芎、蔓荆子、北细辛，治疗痰厥头痛。芎附饮（《丹溪心法》）：川芎、香附，治疗气厥头痛、偏正头痛。芎辛汤（《张氏医通》）：川芎、细辛、甘草、生姜，治疗热厥头痛。由于妇人有其自身的生理特点，妇人头痛亦可以作为一类，川芎被广泛应用于治疗。川芎散（《鸡峰普济方》）：川芎、羌活、防风、细辛、旋覆花、藁本、蔓荆子、石膏、甘草，治疗妇人头眩痛，久不愈。彻清膏（《徐氏胎产方》）：川芎、蔓荆子、细辛、生甘草、炙甘草、薄荷、藁本、当归，治疗妇人头痛。秦艽丸（《明医指掌》）：川芎、当归、秦艽、荆芥，治疗产后气血大虚，风邪入于头脑作痛者。

按疼痛部位，川芎用于偏正头痛的治疗，川附散（《普济方》）：川芎、白附子、牛蒡子、荆芥，治疗偏正头痛。川芎神功散（《黄帝素问宣明论方》）亦治疗偏正头痛。六淫导致头痛，以川芎为主组成的方剂，皆可治疗。奇效芎术汤（《医钞类编》）：川芎、附子、白术、桂心、甘草，治疗寒湿头痛。石膏散（《症因脉治》）：石膏、川芎、白芷、葛根，治疗外感头痛。羌活汤（《内经拾遗》）：羌活、苍术、川芎、白茯苓、防风、枳壳、桔梗、甘草，治疗遇风头痛。芎术散（《圣济总录》）：川芎、白术、天麻、防风、荆芥穗、细辛、甘草，治疗头面多汗，恶风头痛。

在火热导致的头痛，配伍寒凉之品后，川芎也可应用。风热散（《仙拈集》）：川芎、白芷、石膏、荆芥穗，治疗因风热而头痛者。龙脑芎辛丸（《圣济总录》）：川芎、细辛、甘草、龙脑、天南星、秦艽、丹砂，治疗风热头痛。茶调散（《医学集成》）：川芎、白芷、荆芥、黄芩、石膏、薄荷、茶叶、生姜，治疗内热头痛。石膏散（《证治汇补》）：川芎、石膏、黄芩、白芷，治疗痰火头痛。泻青丸（《症因脉治》）：当归、龙胆草、川芎、山栀子、羌活、防风、黄芩，治疗肝火头痛。

川芎用于虚性头痛的组方。白归汤（《冯氏锦囊》）：川芎、当归、白芍，治疗血虚头痛。生熟地黄汤（《证治汇补》）：生地黄、熟地黄、天麻、川芎、茯苓、当归、黑豆、石斛、玄参、地骨皮，治疗肝虚头痛。顺气和中汤（《卫生宝鉴》）：黄芪、人参、白术、甘草、陈皮、当归、白芍、升麻、柴胡、细辛、蔓荆子、川芎，治疗气虚头痛。加味左归饮（《医学从众录》）：熟地黄、山茱萸、山药、茯苓、枸杞子、肉苁蓉、细辛、炙甘草、川芎，治疗肾虚头痛。

川芎在头痛的治疗中，之所以应用如此广泛，是由其功效特点决定的。川芎辛温，归肝经，具有活血行气，祛风止痛的作用。就其自身功效而言，可以应用于外感风寒头痛，内伤气血失调的头痛，若经过与寒凉之药配伍，可用于风热头痛。由于川芎善于上行头目，应用于虚性头痛，取其引药上行之功。最后需要强调，川芎善于上行头目而止痛的作用是其广泛应用于头痛的主要原因。

4. 解表药效作用

川芎味辛、性温，历史文献资料记载其主"中风入脑头痛""寒痹""专除外感""散风寒于表分""散寒湿"等，古今大量的解表方中用了川芎，取得了较好的疗效。因此，川芎的功效除了活血行气、祛风止痛外，还应有祛风散寒、发散风寒的功效。《名医别录》："除脑中冷动，面上游风去来，目泪出，多涕唾。"《日华子本草》"治一切风、一切气、一切劳损、一切血。"《本草衍义》"此药今人所用最多，头面风不可厥也，然须以他药佐之。"《神农本草经疏》："主中风入脑头痛，寒痹筋脉缓急。"《本草汇言》："凡散寒湿，去风气，明目疾，解头风……同苏叶，可以散风寒于表分。"《本草正义》："能散风寒治头痛。"《本草蒙筌》谓川芎"专除外感"。《本草新编》："血闭者能通，外感者能散，疗头风最神。"《本草崇原》："主中风入脑头痛者，禀金而治风，性上行而治头脑也。"《本草从新》："治风湿在头，诸种头痛。"《得配本草》："散风寒，疗头痛。"《本草崇原集说》："辛散温行，不但上彻头脑而治风，且从内达外而散寒。"

本草对川芎解表功效有记述外，历代医家不但在临床上运用此功效，而且记载在许多临床医学文献和方书资料中。邹文俊等认为，金元以后的临床医学著作含有川芎的解表方较为普遍，仅据《证治准绳》《杂病源流犀烛》等40种医籍的不完全统计，就有神芎散、香芎散、芎苏散等100余方。清代汪昂的《医方集解》中收录的解表剂18方，其中含川芎的方剂就有7方，同时汪昂指出："古用川芎、苍术、羌活等分，名川芎汤，以代麻黄汤，治秋冬发热无汗恶风寒者。"

由此可见，古代医家对于川芎解表功能是十分重视的。而吴仪洛《成方切用》中对川芎的解表功效进一步论述，如在大羌活汤方论中指出："用羌、独、苍、防、芎、细，祛风发表，升散传经之邪。"在再造散方论中云："以羌防芎细，发表其邪。"在川芎茶调散方论中指出：川芎、羌活、防风、白芷、细辛"皆能解表散寒"。十神汤中认为川芎为"疏表香利气之药"。在杨国祥等《滇南本草附方的研究》中，用于风寒感冒的附方有6方，其中含川芎的有4方，可见当时川芎是广泛用于外感风寒的。在现代方药专著《用药心得十讲》中，焦树德认为川芎能上行头目，散风疏表，常配白芷、羌活、防风、细辛、薄荷（如川芎茶调散）等同用；如兼风热者，可配菊花、蔓荆子、荆芥、银花等同用。主要用于以下表证。

（1）风寒表证 能发散风寒，因此常配伍其他有发散风寒作用的药物以治疗风寒表证。如宋·《太平惠民和剂局方》川芎茶调散，方由川芎、白芷、羌活、细辛、防风等组成，功能疏风止痛，主治外感风邪头痛或见恶寒发热、目眩鼻塞、舌苔薄白、脉浮者。明·《医方考》认为其中川芎、苏叶、干葛、柴胡功能解表。宋·《济生方》芎芷香苏散，用于外感伤风，鼻塞声重，左脉浮缓。金·《保命集》川芎汤由川芎、白术、羌活组成，主治四时伤寒外感，恶风寒，无汗者。明·《普济方》芎辛汤重用川芎治疗伤风气壅，鼻塞清涕，头目昏眩等。清·张秉成《成方便读》认为川芎茶调散以薄荷之辛香，能清利头目，搜风散热者，以之为君；川芎、荆芥皆能内行肝胆，外散风邪，其辛香走窜之性，用之治上，无往不宜，故以为臣。近代根据川芎茶调散研制的川芎茶调口服液，主要功效为疏风止痛，临床用于风寒头痛伴

恶寒、发热、鼻塞等症。

（2）用于风热表证 具有发散风热表邪作用的药物配伍可用于外感风热邪气所致的各种不适。如《普济方》芎辛菊花散，组成：川芎、防风、荆芥、薄荷、菊花等，主治：风热头痛，发作无时。清·《证治汇补》川芎饮，由川芎配伍苏叶、枳壳等组成，主治感冒风邪，胸满头疼，咳嗽吐痰，憎寒壮热。清·《慈禧光绪医方选议》芎菊茶调散，能祛风止痛，主治鼻塞头痛、头风诸症。《北京市中药成药选集》芎菊茶调散，组成：薄荷、防风、菊花、甘草、川芎等，功能：散风清热。《银海精微》菊花茶调散，由菊花、川芎、薄荷、羌活、僵蚕、蝉蜕等组成，能疏风止痛、清利头目，主治风热上扰头目。

（3）虚人外感 川芎通过配伍可用于气虚、阳虚的外感。如《小儿药证直诀》败毒散，由柴胡、前胡、川芎、人参等组成，能散寒祛湿、益气解表，用于气虚外感证。《伤寒六书》再造散，由黄芪、人参、川芎、附子等组成，能助阳益气、解表散寒，用于阳气虚弱，外感风寒。

5. 川芎在民间应用的配方

将川芎研磨成细粉状后用酒浸泡，巧用后可治偏头痛；取川芎1钱，茶叶2钱，加水300～400ml，煎至五分，加热后用可治疗风热性头痛；取川芎、去梗的荆芥各四两，去芦的防风一两半，羌活、白芷、甘草各二两，炒熟的香附子八两，待以上药物煎好之后收火，放入八两薄荷，在热的汤药中充分浸泡，每次服用一钱左右，可用于治疗偏头痛、头痛、鼻塞、伤风、头昏目花、诸风上攻、肢体肌肉疼痛、痰多等；在锅中放入蜂蜜进行熬制后，可将药物粉末在熬制非常黏稠的时候混入，之后可制作成药丸。药物粉末为一斤川芎，四两天麻，合后进行研磨。巧用制成的药丸，可用于治疗寒风中风、头晕、晕眩、身体疲惫等。每两可成10丸，每日服用一粒。咀嚼后用茶酒喝下；取五升水，三升清酒，加入后熬煮。同时放入三两艾叶，六两干地黄，二两川芎，二两阿胶，四两芍药，二两甘草。熬煮之后取三升，弃掉残渣。每日服用三次，每次服用一升；针对治疗孕妇生产后的血晕症状，可以选用以水煎服一两当归，二钱炒熟烧到黑色的荆芥穗，五钱川芎即可；将清洗后锉磨的川芎、木香一两、清洗后锉磨烘干去芦须的当归、一两炒黄去皮的桃仁，煮好后将桂心浸泡其中，每次服用一钱同热酒一起饮下，或用一壶水将二钱药末煎熬至七分，趁热服用可治疗产后腹痛。

6. 其他方面的作用

严子军以常见的中草药川芎、白芷、益母草为原料，用乙醇提取其中的有效成分，测定这些原料对酪氨酸酶活性的抑制率，并将其作为美白祛斑霜的天然添加剂，制成水包油型膏霜类化妆品。研究结果表明，川芎、白芷、益母草具有良好的美白祛斑功效。

参考文献

[1] 国家药典委员会. 中华人民共和国药典：一部 [M]. 北京：中国医药科技出版社，2015.

[2] 丁德蓉，陈兴福，卢进，等. 生态环境对川芎产、质量的影响 [J]. 生态学杂志，1994，13（1）：57-59.

[3] 银玲，彭月，刘荣，等. 产地生态环境要素与中药品质相关性研究 [J]. 中药与临床，2012，3（6）：9-13.

[4] 万德光，彭成. 四川道地中药材志 [M]. 成都：四川科学技术出版社，2005：4-21.

[5] 王瑀，魏建和，陈士林，等. 基于GIS的川芎产地气候生态适应性区划 [J]. 中国农业气象，2007，28（2）：178-182.

[6] 蔺道人. 仙授理伤续断秘方 [M]. 北京：人民卫生出版社，1957：18.

[7] 王怀隐. 太平圣惠方 [M]. 北京：人民卫生出版社，1958：153.

[8] 冉先德. 中华药海（精华本）[M]. 北京：东方出版社，2010：1459.

[9] 陈兴福，丁德蓉，黄文秀，等. 川芎生长发育特性的研究 [J]. 中国中药杂志，1997，22（9）：527-529.

[10] 马博，罗霞，余梦瑶，等. 不同海拔育苓对川芎出芽及生长参数的影响 [J]. 时珍国医国药，2009，20（10）：2560-2562.

[11] 范巧佳，蓝天琼，郑顺林，等. 免耕稻草覆盖对土壤肥力及川芎产量和品质的影响 [J]. 西南农业学报，2013，26（3）：1066-1069.

[12] 蓝天琼. 免耕稻草覆盖对土壤微生物、酶活性及川芎生长的影响 [D]. 雅安：四川农业大学，2010.

[13] 周斯建，赵印泉，彭培好，等. 不同耕作方式下川芎对土壤中铅、镉含量的富集特征 [J]. 物探化探计算技术，2014，36（3）：342-345.

[14] 任敏，李敏，卿艳，等. 除草剂对川芎药材重金属镉含量的影响研究 [J]. 中药与临床，2015，6（6）：16-18.

[15] 李青苗，李彬，徐琴，等. 川产道地药材川芎中镉含量的影响因素初探 [J]. 安徽农业科学，2013，41（16）：7114-7115，7118.

[16] 任敏，李敏，陈辉，等. 川芎种质与药材质量的相关性分析 [J]. 中国实验方剂学杂志，2016，22（6）：17-21.

[17] 宁梓君，李彬，李青苗，等. 改良酸性土壤对土壤活性态镉及川芎镉含量影响的研究 [J]. 中药材，2014，37（11）：1925-1928.

[18] 李阳，韩桂琪，何难，等. 川芎主产区药材中镉含量调查研究 [J]. 安徽农业科学，2015，43（34）：150-151.

[19] 何春杨，李彬，李青苗，等．一种新型土壤改良剂对土壤活性态镉及川芎镉含量的影响 [J]．中药材，2016，39（2）：250-253．

[20] 李青苗，李彬，郭俊霞，等．生石灰、硫磺对土壤pH、川芎生长发育及药材中镉含量的影响 [J]．中药材，2016，39（1）：16-20．

[21] 孟中贵，谢德明，黄正方，等．川芎高产高效模式 [J]．农家科技，1994，9：24-25．

[22] 曾华兰，何炼，叶鹏盛，等．川芎无公害种苗处理技术研究 [J]．西南农业学报，2009，22（5）：1354-1357．

[23] 杨文钰．烯效唑喷施对川芎产量和质量的影响 [D]．雅安．四川农业大学，2008．

[24] 孟中贵，谢德明，张兴翠，等．川芎间作物试验 [J]．中草药，1996，27（2）：107-109．

[25] 谢德明，黄正方，孟中贵．川芎间种作物效益高 [J]．中药材，1991，14（8）7-8．

[26] 唐慎微．证类本草 [M]．尚志钧，校点．北京：华夏出版社，1993：186，237．

[27] 宋屏顺，马潇，张伯崇，等．芎藭（川芎）的本草考证及历史演变 [J]．中国中药杂志，2000，（25）7：434-446．

[28] 南北朝·陶弘景．本草经集注 [M]．尚志钧，等辑校．北京：人民卫生出版社，1994：193．

[29] 崔玲．神农本草经：上卷 [M]．天津：天津古籍出版社，2009．

[30] 王筠默．神农本草经 [M]．长春：吉林科学技术出版社，1985：33．

[31] 宋·苏颂．图经本草 [M]．胡乃长，等辑注．福建：福建科学技术出版社，1987：129．

[32] 明·李时珍．本草纲目：第2册 [M]．上海：上海古籍出版社，1990：92．

[33] 刘圆，贾敏如．川芎品种、产地的历史考证 [J]．中药材，2004，24（5）：365-367．

[34] 中国药材公司．中国常用中药材 [M]．北京：科学出版社，1995：74．

[35] 国家中医药管理局《中华本草》编委会．中华本草：第2册 [M]．上海：上海科学技术出版社，1999：326．

[36] 张贵君．现代中药材商品通鉴 [M]．北京：中国中医药出版社，2001：730．

[37] 徐国钧．中国药材学 [M]．北京：中国医药科技出版社，1996：1204．

[38] 卢赣鹏．500种常用中药材的经验鉴别 [M]．北京：中国中医药出版社，2011：57．

[39] 金世元．金世元中药材传统经验鉴别 [M]．北京：中国中医药出版社，2010：211．

[40] 阮琴，张颖，胡燕月，等．不同制备方法对川芎挥发油化学成分的影响 [J]．中国中药杂志，2003，28（6）：572-574．

[41] 常新亮，马云保，张雪梅，等．川芎化学成分研究 [J]．中国中药杂志，2007，32（15）：1533-1536．

[42] 杨丽红，谢秀琼，万丽，等．川芎化学成分研究 [J]．时珍国医国药，2007，18（7）：1576-1577．

[43] 郝淑娟，张振学，田洋，等．川芎化学成分研究 [J]．中国现代中药，2010，12（3）：22-25，38．

[44] 曾志，谢润乾，谭丽贤，等．川芎水蒸气蒸馏和超临界CO_2提取物化学成分的GC-MS分析鉴别 [J]．应用化学，2011，28（8）：956-962．

［45］梁明金，贺浪冲，李永茂. 川芎有效部位气相色谱–质谱研究与指纹图谱分析［J］. 质谱学报，2004，25（3）：150–154.

［46］钟凤林，杨连菊，吉力，等. 不同产地和品种川芎中挥发油成分的研究［J］. 中国中药杂志，1996，21（3）：147–151.

［47］NATIO T, NIITSU K, IKEYA Y, et al. A phthalide and 2 –farnesyl–6 –metyl benzoquinone from *Ligusticum chuanxiong*［J］. Phytochemistry, 1992, 31（5）：1787–1789.

［48］NATIO T, IKEYA Y, OKADA M, et al. Two phthalides from *Ligusticum chuanxiong*［J］. Phytochemistry, 1996, 41（1）：233–236.

［49］肖永庆，李丽，游晓琳，等. 川芎化学成分研究［J］. 中国中药杂志，2002，27（7）：519–522.

［50］陈勇，杨新，韩凤梅，等. 川芎中川芎嗪和阿魏酸含量的毛细管电泳测定［J］. 药学学报，1999，34（9）：699–701.

［51］曹阳，王铁杰，王玉，等. HPLC法测定不同产地川芎中川芎嗪的含量［J］. 药物分析杂志，2005，25（3）：278–280.

［52］陈立娜，金哲雄，蒋竟，等. 川芎嗪提取工艺的研究［J］. 黑龙江医药，2000，13（95）：278–280.

［53］张锋，车玲. 川芎嗪的新合成路线［J］. 第三军医大学学报，2007，29（23）：2294–2295.

［54］周昌奎，吴晓华. 川芎嗪临床应用及研究进展［J］. 海峡药学，2004，16（6）：3–5.

［55］张立坤，陈新旺，邹安庆. 高效液相色谱法测定复方制剂中阿魏酸和川芎嗪［J］. 中草药，1996，27（4）：213–214，249.

［56］鲁建武，曾俊芬，宋金春. HPLC法同时测定复方川芎胶囊中阿魏酸和川芎嗪含量［J］. 中国药师，2008，11（7）：814–816.

［57］YAN R, LI S L, CHUNG H S, et al. Simultaneous quantification of 12 bioactive components of Ligusticum chuanxiong Hortby high–performace liquid chromatography［J］. Journal of Pharmaceutical and Biomedical Analysis, 2005, 37: 87–95.

［58］YI T, LEUNG K. S Y, LU G H, et al. Simultaneous qualitative and quantitative analysis of the major constituents in Ligusticum chuanxiong using HPLC–DAD–MS［J］. Chemical& Pharmaceutical Bulletin, 2006, 54: 255.

［59］CHAN S S, LI S L, LIN G. Pitfall of the selection of chemical markers for the quality control of medicinal herbs［J］. Journal of Food and Drug Analysis. 2007, 15: 365.

［60］孙晓春，颜军，何钢，等. 川芎多糖的分离纯化及其单糖组成测定［J］. 四川农业大学学报，2011，29（1）：56–60.

［61］阴健，郭力弓. 中药现代化研究与临床应用［M］. 北京：学苑出版社，1994，108.

［62］国家中医药管理局《中华本草》编委会. 中华本草精选本：下册［M］. 上海，上海科学科学院，1996，1400–1402.

［63］王万铁，李东. 川芎嗪对家兔心肌缺血再灌注损伤的保护作用［J］. 基础医学与临床，1997，17（4）：

68-71.

[64] 夏正远, 张赤, 史昕云, 等. 复方丹参及川芎嗪注射液防治家兔失血性休克再灌注损伤的比较 [J]. 武汉医学杂志, 1996, 20 (2): 89-90.

[65] 左保华, 周志泳, 杨金杰. 川芎嗪对再灌注心律失常的预防作用 [J]. 九江医学, 1995, 10 (4): 196-198.

[66] 王天成, 李源, 杨庆梓, 等. 川芎嗪抗大鼠心肌缺血再灌注损伤的作用 [J]. 武警医学院学报, 2000, 9 (2): 87-88.

[67] 包旭. 川芎嗪的药理学研究 [J]. 四川生理科学杂志, 1999, 21 (2): 20-24.

[68] 忻志鸣, 周晓明. 川芎制剂的药理作用及临床应用 [J]. 河北医药, 1999, 21 (1): 41-42.

[69] 任平, 焦凯, 李月彩, 等. 川芎嗪和川芎注射液对麻醉开胸犬血流动力学的影响 [J]. 第四军医大学学报, 1999, 20 (10): 835-837.

[70] 黄力强. 川芎对心脑血管疾病活血化瘀药理作用的探讨 [J]. 辽宁中医杂志, 2000, 27 (10): 469.

[71] 董加喜, 王梅娟, 李映红, 等. 富含川芎嗪脂质体对实验性动脉粥硬化家兔的降脂和抗氧化作用 [J]. 中国中医药科技, 1997, 4 (6): 397.

[72] 肖静, 王正荣, 罗红琳, 等. 川芎嗪对脑循环和脑血管的作用 [J]. 中药药理与临床, 1994 (3): 28-29.

[73] 周小明, 陆再英, 赵华月, 等. 川芎嗪预防动脉去内皮后内膜增生的实验研究 [J]. 中华老年医学杂志, 1997, 16 (4): 244-246.

[74] 石力夫, 郑晓梅, 蔡溱, 等. 藁本内酯分解前后川芎挥发油对兔球结膜微循环影响的比较 [J]. 中国药理学与毒理学杂志, 1995, 9 (2): 157-158.

[75] 张建萍. 川芎改善微循环作用研究进展 [J]. 四川生理科学杂志, 1999, 21 (1): 19-22.

[76] 岳屹立, 常立功, 周宏伟. 川芎嗪对失血性休克家兔肠系膜毛细血管血流动力学的影响 [J]. 微循环学杂志, 1995, 5 (1): 9-10.

[77] 岑得意, 陈志武, 宋必卫, 等. 川芎嗪对大鼠脑梗死的保护作用 [J]. 中国药理学通报, 1999, 15 (5): 464-466.

[78] 黄志宏, 汤泰秦, 黄纳斯, 等. 川芎嗪对缺氧肺动脉高压大鼠血浆内皮素、降钙素基因相关肽水平的影响 [J]. 广州中医药大学学报, 1998, 15 (40): 275-277.

[79] 马德娴, 熊旭东. 川芎嗪对肺动脉高压心肺功能的影响 [J]. 中国中医急症, 2003, 12 (1): 69-70.

[80] 孟君, 冯君. 中草药防治经皮冠状动脉成形术后再狭窄研究进展 [J]. 深圳中西医结合杂志, 2001, 11 (3): 186-189.

[81] 蔡英年, Gwen Barer. 川芎嗪对缺氧大鼠和雪貂肺血管的舒张作用 [J]. 中国应用生理学杂志, 1990, 6 (1): 19-22.

[82] 朱上林, 张汝鹏, 林言箴. 川芎嗪对肝缺血再灌注损伤防护作用的实验研究 [J]. 中华消化杂志,

1995, 15（3）: 139–141.

[83] 王良兴, 邢玲玲, 陈少贤, 等. 川芎嗪对组胺和乙酰胆碱所致离体豚鼠气管条收缩作用的影响 [J].
温州医学院学报, 1995, 25（3）: 158–159.

[84] 张克俭, 张育轩. 川芎嗪治疗呼吸系统疾病研究进展 [J]. 中国中西医结合杂志, 1995, 15（10）:
638–639.

[85] 李荣, 张珍祥. 川芎嗪在豚鼠离体气管螺旋条中的作用 [J]. 中国病理生理杂志, 2002, 18（5）:
521–52.

[86] 戴令娟, 候杰, 黄妹, 等. 川芎嗪治疗肺纤维化机制的探讨 [J]. 医师进修杂志, 1999, 22（11）:
24–25.

[87] 刘丽娟, 马世尧. 川芎嗪的呼吸系统药理作用及临床应用 [J]. 山东医药, 1996, 36（11）: 47.

[88] 朱陵群, 黄启福, 魏民, 等. 川芎嗪抗实验性膜性肾炎脂质过氧化损伤的研究 [J]. 中国病理生理
杂志, 1991, 7（3）: 229–232.

[89] 孙立江, 李玉军, 石景森. 川芎嗪对缺血再灌注损伤肾脏细胞凋亡的影响 [J]. 第四军医大学学报,
2002, 23（18）: 1683

[90] 王迎伟, 汤仁仙, 董红燕. 川芎嗪对大鼠被动型Heymann肾炎病变的影响 [J]. 基础医学与临床,
2000,（1）: 74–76, 80.

[91] 李民, 李俊卿, 胡毅, 等. 川芎和川芎嗪对环孢素A肾中毒的作用比较 [J]. 中华泌尿外科杂志,
1997, 18（4）: 201–204.

[92] 马永红, 郑家富, 钱松溪, 等. 川芎可防治家兔甘油致急性肾功能衰竭的实验研究 [J]. 中华实验
外科杂志, 1994, 11（1）: 43.

[93] 孔维信, 叶志斌, 刘银坤. 川芎嗪和SOD对大鼠肾缺血再灌注损伤的保护作用 [J]. 镇江医学院学
报, 1998, 8（2）: 147–148, 150.

[94] 戈继业, 张振岭. 川芎药理作用研究及临床应用新进展 [J]. 中国中西医结合杂志, 1994, 14（10）:
638–639.

[95] 姜国辉, 王世真, 江骥, 等. 氘代川芎嗪与川芎嗪药理作用比较（一）抗血栓及抗血小板作用 [J].
中国药理学通报, 1996, 12（2）: 133–137.

[96] 和岚, 毛藤敏, 李孟森. 肾上腺素所致大鼠急性血瘀模型及丹参、川芎的预防治疗作用, 中国药理
与临床, 1994,（6）: 28–29.

[97] 吴锦梅, 郑有顺. 生化汤药理及临床应用 [J]. 实用中西医结合杂志, 1995, 8（8）: 592–593.

[98] 黄萍. 党参、蒲公英、川芎及其配伍对大鼠血浆中PGI_2、TXA_2含量的影响 [J]. 广州中医学院学报,
1994, 11（3）: 147–149.

[99] 王红, 陈在忠. 川芎嗪抗肝纤维化作用的实验研究 [J]. 南京铁道医学院学报, 1997, 16（4）:
243–245.

[100] 岑显娜. 川芎药理作用研究新进展 [J]. 实用医技杂志, 1996, 3（2）: 27–28.

[101] 刘锦蓉. 川芎嗪对小鼠脾淋巴细胞增殖反应的影响 [J]. 华西医科大学学报, 1995, 26（2）: 177-179.

[102] 顾明君, 刘志民. 川芎嗪对环孢素引起的大鼠胰岛 β 细胞毒性防护作用的实验研究 [J]. 中国中西医结合杂志, 1993, 13（9）: 542-543, 517.

[103] 高蕾, 孙志坚, 黄湘虎, 等. 川芎嗪治疗流行性出血热的实验研究 [J]. 江苏医药, 1995, 21（1）: 20-21.

[104] 刘静, 蒋明, 洪文跃, 等. 中药离子导入治疗软组织创伤的动物实验研究 [J]. 浙江临床医学, 2003, 5（30）165-166.

[105] 李建华, 杨佩满. 川芎嗪逆转K562/ADM细胞多耐药的研究 [J]. 现代中西医结合杂志, 2001, 10（15）: 1405-1406.

[106] 张珊文. 川芎放射增敏及放射保护作用的研究概况 [J]. 中西医结合杂志, 1990, （11）: 697-698.

[107] 高学敏. 中药学: 下册 [M]. 北京: 人民卫生出版社, 2000: 1052.

[108] 张晓琳, 徐金娣, 朱玲英, 等. 中药川芎研究新进展 [J]. 中药材, 2012, 35（10）: 1706-1711.

[109] 舒冰, 周重建, 马迎辉, 等. 中药川芎中有效成分的药理作用研究进展 [J]. 中国药理学通报, 2006, 22（9）: 1043-1047.

[110] 曹成明, 薛贵平. 川芎的临床应用及其机理探讨 [J]. 张家口医学院学报, 2002, 19（3）: 28-29.

[111] 龚彦胜, 李晓宇, 孙蓉. 基于功效与药理作用川芎抗冠心病心绞痛的物质基础研究进展 [J] 中国药物警戒, 2011, 8（11）: 675-678.

[112] 蒋跃绒, 陈可冀. 川芎嗪的心脑血管药理作用及临床应用研究进展 [J]. 中国中西医结合杂志, 2013, 33（5）: 707-711.

[113] 王振, 刘新泳, 王静, 等. 川芎嗪阿魏酸类化合物药理作用的研究进展 [J]. 齐鲁药事, 2011, 30（11）: 665-667.

[114] 杨敏, 陈勇, 张廷模, 等. 论川芎解表功效及应用 [J]. 四川中医, 2006, 24（6）: 41-42.

[115] 邹文俊, 张廷模. 川芎解表和燥湿功效初探 [J]. 时珍国医国药, 1998, 9（6）: 486-487.

[116] 杨国祥, 吴宗柏, 金建民, 等. 滇南本草附方的研究 [M]. 昆明: 云南科学技术出版社, 1993: 59.

[117] 严子军, 韦寿莲, 汪洪武, 等. 川芎、白芷、益母草在化妆品中的应用 [J]. 肇庆学院学报, 2013, 34（5）: 29-31.